NIE ECO GUIDE 05

# 자연의 청소부,
# 소똥구리

Nature's Scavenger, Dung Beetle

도서 개발에 참여한 **국립생태원 멸종위기종복원센터 연구진**
장금희, 김영중, 김홍근, 김황, 김만년, 이혜린, 최예진

**NIE ECO GUIDE 05**

# 자연의 청소부, 소똥구리

**발행일** 2021년 12월 17일 초판 1쇄 발행
**엮음** 국립생태원
**발행인** 조도순
**책임 편집** 유연봉 | **편집** 안정섭

**본문 구성·진행** 디자인집(진유정, 김정선)
**디자인** 디자인집(김아현) | **그림** 김윤경 | **촬영** 박상웅(젠틀포토)

**원고·사진** 국립생태원(장금희, 김영중, 김홍근, 김황, 김만년, 이혜린, 최예진)

**발행처** 국립생태원 출판부
**신고번호** 제458-2015-000002호(2015년 7월 17일)
**주소** 충남 서천군 마서면 금강로 1210 / www.nie.re.kr
**문의** 041-950-5999 / press@nie.re.kr

**ISBN** 979-11-6698-042-8 94400
979-11-86197-51-6(세트)



※ 국립생태원 출판부 발행 도서는 기본적으로 국어기본법에 따른 국립국어원 어문 규범을 준수합니다.
※ 동식물 이름 중 표준국어대사전에 등재된 경우 해당 표기를 따랐으며, 우리말 표기가 정립되지 않은 해외 동식물명과 전문용어 등은 국립생태원 자체 기준에 의해 표기하였습니다.
※ 고유어와 '과(科)'가 합성된 동식물 과명(科名)은 사이시옷을 불용하는 국립생태원 원칙에 따라 표기하였습니다.
※ 두 개 이상의 단어로 구성된 전문용어는 표준국어대사전에 합성어로 등재된 경우에 한하여 붙여쓰기를 하였습니다.

Nature's Scavenger, Dung Beetle

# 자연의 청소부, 소똥구리

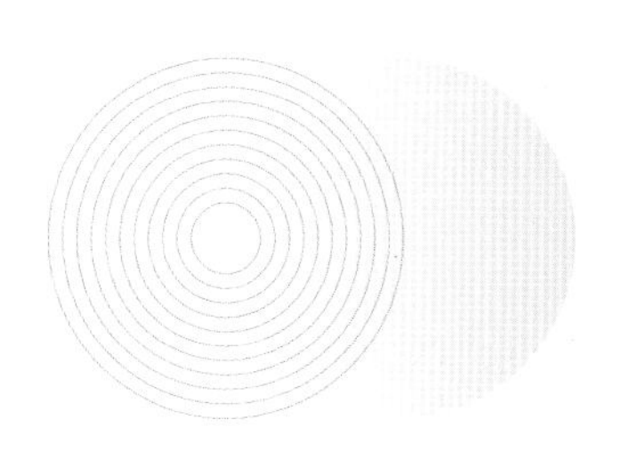

NIE ECO GUIDE 05

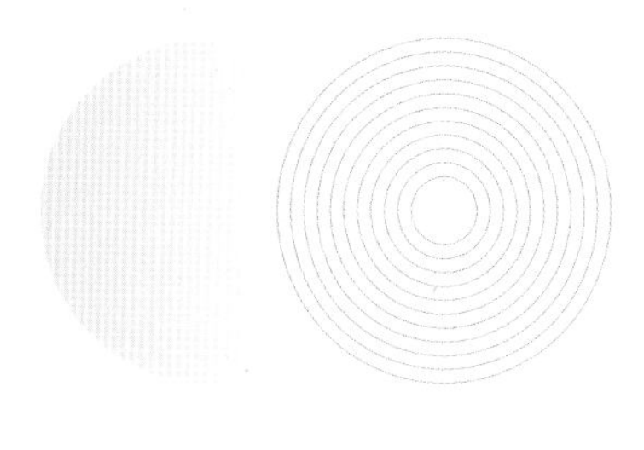

국립생태원
NIE PRESS

NIE ECO GUIDE 05

# 자연의 청소부, 소똥구리

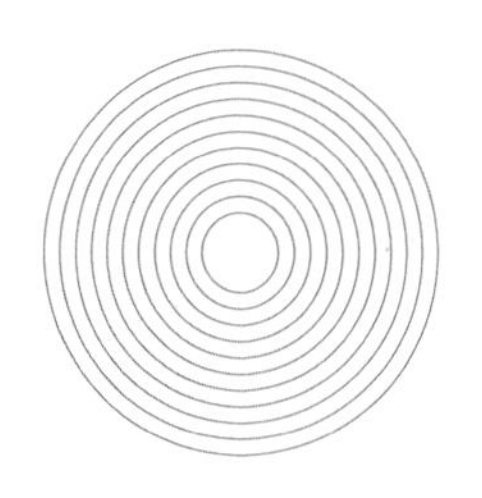

## contents

### section. 1

### 소똥구리 바로 알기



### section. 2

### 소똥구리와 친하기

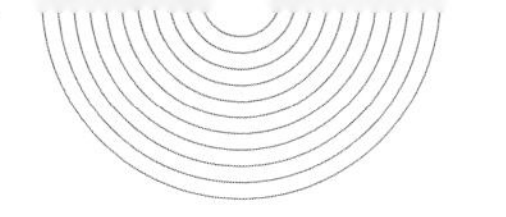

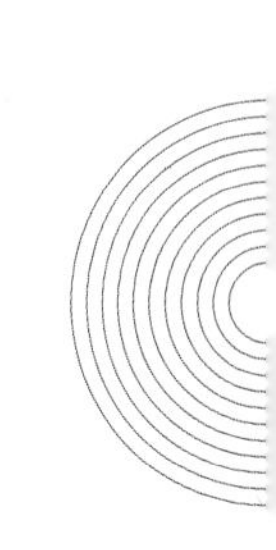

**section. 3**

## 소똥구리 다시 만나기



**appendix**

## 부록



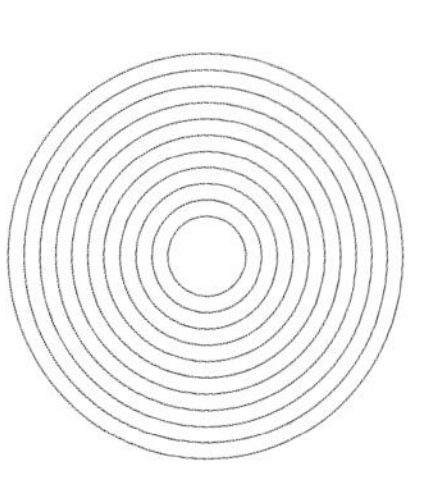

# 발간사

어느 시인은 작은 대추 한 알도 저절로 붉어졌을 리 없고,
혼자서 둥글어졌을 리가 없다고 했습니다.
그 안에 태풍, 천둥, 무서리, 땡볕이 담겼기 때문이라 했는데,
이는 시련을 극복한 오랜 시간의 정성이 담겼다는 의미겠지요.

국립생태원 멸종위기종복원센터 연구진도
오랜 기간의 노고와 정성으로 일구어낸 소똥구리 복원연구 성과를 모아
『자연의 청소부, 소똥구리』 라는 결실을 선보입니다.

NIE Eco Guide 시리즈 5번째인 이 책에는
소똥구리의 생태적 특징과 역사·문화적 가치,
특히 생태계 분해자로서의 역할과 기능을 알아봄과 동시에
보전과 복원을 위한 방향이 제시되어 있습니다.

이 책이 소똥구리 복원의 필요성을 다시 한번 상기시키는 단초로,
또 생태 관련 수업 및 업무 등에 다양한 자료로 활용되어지길 기대합니다.

아울러 이 자리를 빌려
멸종위기종 복원을 위해 앞으로의 책임이 더 막중한 연구진을 격려하고,
소똥구리 복원과 보전을 보다 애정어린 관심으로 지켜봐주시길
당부드립니다.

국립생태원장 **조도순**

Nature's scavenger , Dung Beetle

자연의청소부, 소똥구리

# section. 1

# 소똥구리 바로 알기

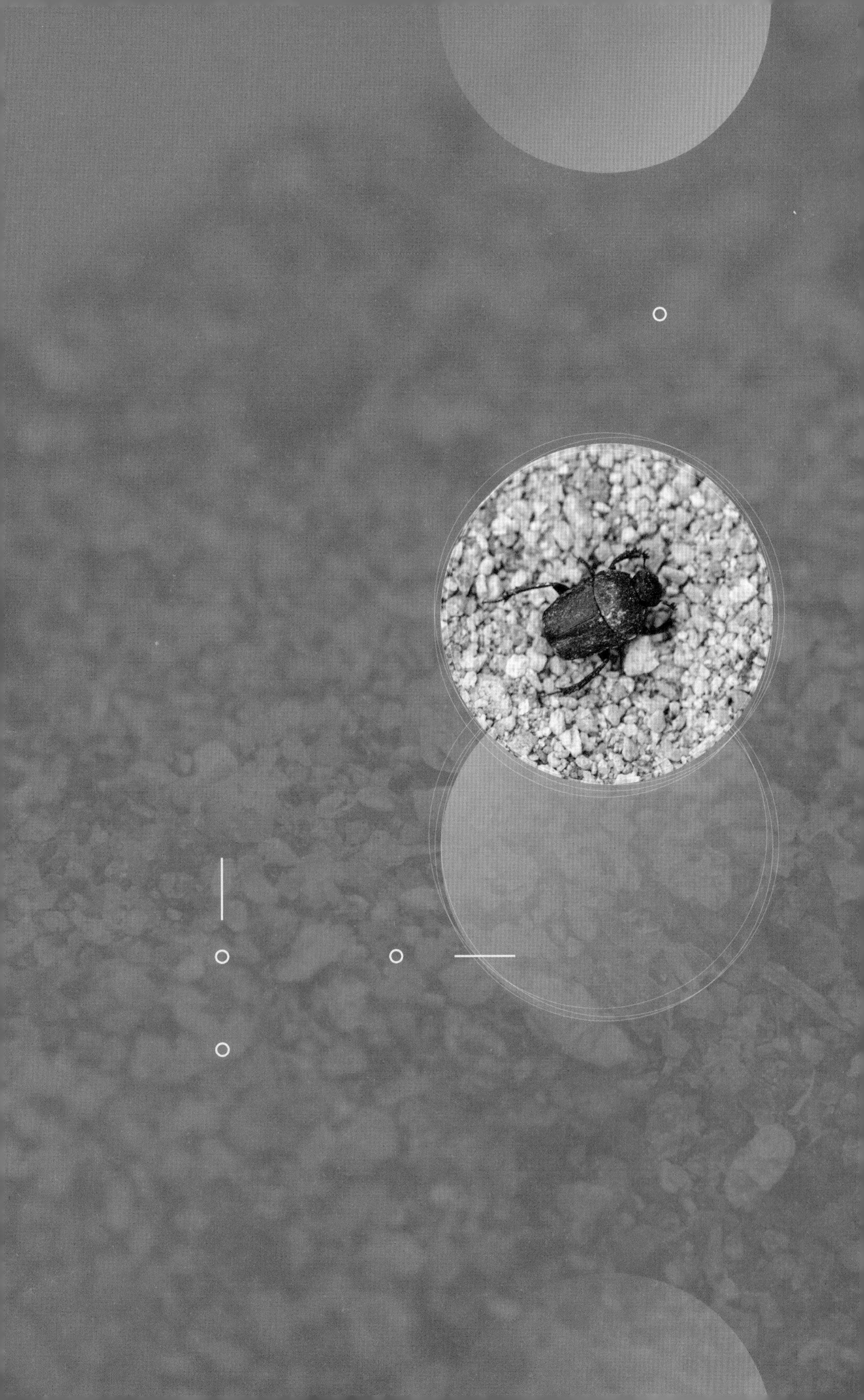

CHAPTER. 01

# 소똥구리 자기 소개

## PROFILE

**기본 정보**

| | |
|---|---|
| **국명** | 소똥구리 |
| **학명** | *Gymnopleurus mopsus* Pallas, 1781 |
| **분류 체계** | 절지동물문 Arthropoda > 곤충강 Insecta > 딱정벌레목 Coleoptera > 소똥구리과 Scarabaeidae > 소똥구리속 *Gymnopleurus* |

**생김새**

| | |
|---|---|
| **크기** | 몸길이 10~16mm, 가슴폭 8~10mm |
| **특징** | 몸은 약간 긴 오각형에 가깝고 검은색 등판은 편평하고 광택이 없으며, 딱지날개가 앞가슴 등판보다 좁고 희미한 7줄의 조구를 가짐 |
| **암수 구별** | 앞다리 종아리마디의 며느리발톱 모양으로 구별<br>끝이 아래쪽으로 휘어져 있으면 수컷,<br>끝이 바깥쪽으로 휘어져 있으면 암컷 |

**활동**

| | |
|---|---|
| **수명** | 2~3년 |
| **산란 기간** | 약 60일(산란을 위해서는 동면을 거쳐야 함) |
| **우화 기간** | 약 40일 |
| **활동 시기** | 늦봄~가을(4월~9월)까지 활동하고 10월경 성충으로 동면 |

**서식**

| | |
|---|---|
| **서식 조건** | 건조한 기후에 먹이 자원인 대형 초식동물의 분변이 있고, 식생피복도가 적절해 경단을 굴리기에 용이하며, 산란굴 형성이 가능한 미사질 양토가 있는 개활지 |
| **분포 현황** | 구북구에 광범위하게 분포하고, 한반도 전역에도 분포하였으나 최근 대부분의 지역에서 지역절멸 또는 멸종위기로 추정 |
| **지정 현황** | 「야생생물 보호 및 관리에 관한 법률」에 의거 멸종위기 야생생물 Ⅱ급으로 지정 |

## 생활 습성에 따른 소똥구리류 분류

소똥구리류는 딱정벌레목(Coleoptera) 소똥구리과(Scarabaeidae)와 똥풍뎅이과(Aphodiidae)에 속하는 곤충으로 이 중 소똥구리과는 전 세계 약 3만5천 여 종이 기록되어 있다.[1] 소똥구리속(*Gymnopleurus*)은 소똥구리과 중에서도 매우 크고 다양한 그룹이며, 전 세계에 약 2만8천 여 종이 서식하는 것으로 추정되고 있다.[2] 현재 우리나라에 기록된 소똥구리과 곤충은 총 8속 38종이고, 이들은 생활 습성에 따라 경단형(Roller), 터널형(Tunneler), 거주형(Dweller)의 세 가지 그룹으로 나뉜다.

[1] Ratcliffe and Cave, 2008

[2] Hanski and Cambefort, 2006

**R 경단형 소똥구리류**

분변을 둥글게 말아서 일정 거리를 굴려간 뒤, 땅을 파고 들어가 생활하는 종이다. 소똥구리(*Gymnopleurus mopsus*), 왕소똥구리(*Scarabaeus typhon*), 긴다리소똥구리(*Sisyphus schaefferi*)가 경단형에 속하는데 현재 빠른 속도로 자취를 감추고 있다.

**T 터널형 소똥구리류**

초식동물의 분변 아래로 굴을 파고 들어가 먹이 활동과 산란 활동을 하는 종이다. 뿔소똥구리(*Copris ochus*), 애기뿔소똥구리(*Copris tripartitus*)가 여기에 해당한다.

**D 거주형 소똥구리류**

대형 초식동물의 분변 속에 들어가 생활하는 종이다. 우리나라에 서식하는 소똥구리류 중에는 똥풍뎅이과에 속하는 갓털똥풍뎅이(*Aphodius urostigma*)가 해당한다.

소똥구리

왕소똥구리

긴다리소똥구리

※실제크기 대비 확대하여 표현

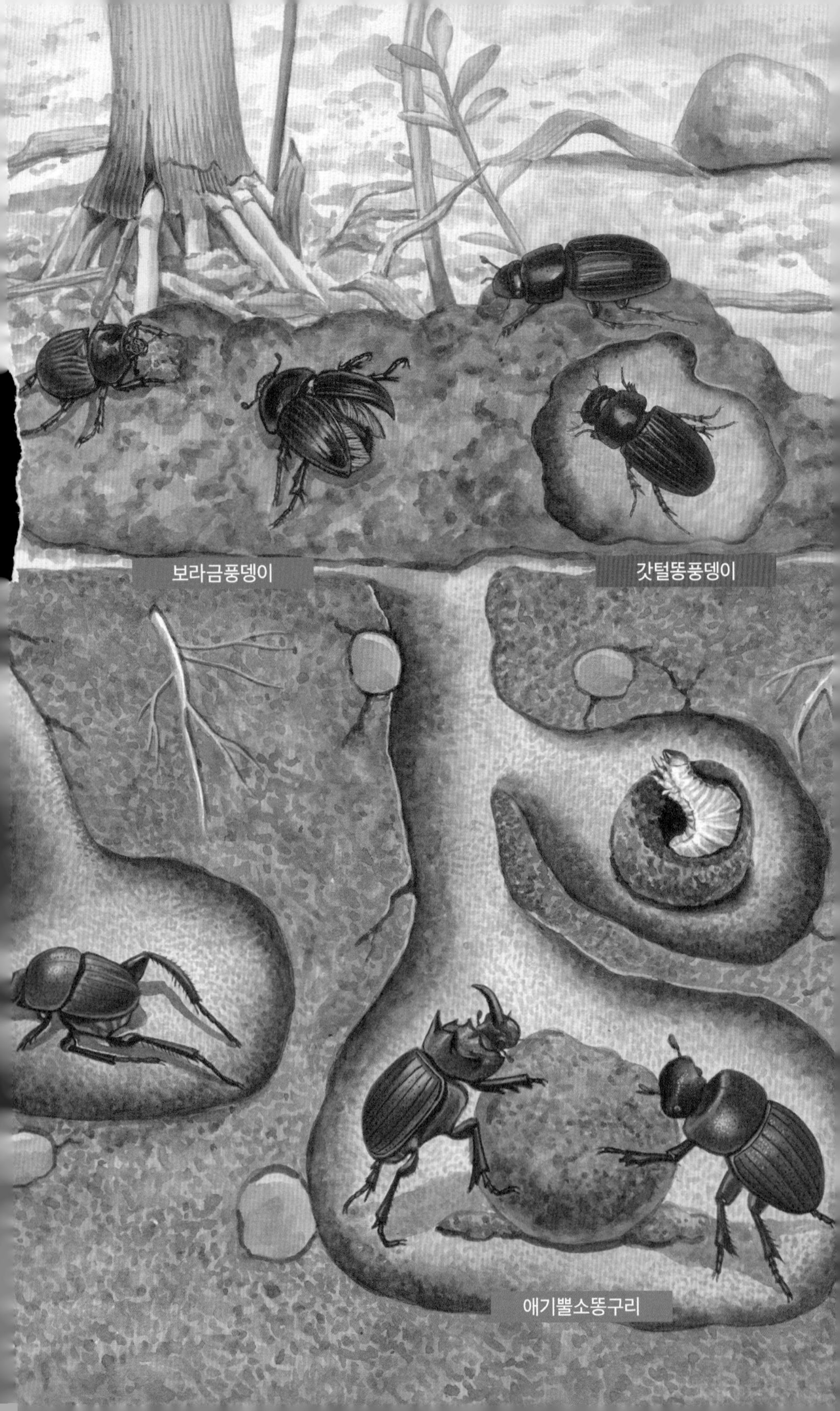
보라금풍뎅이
갓털똥풍뎅이
애기뿔소똥구리

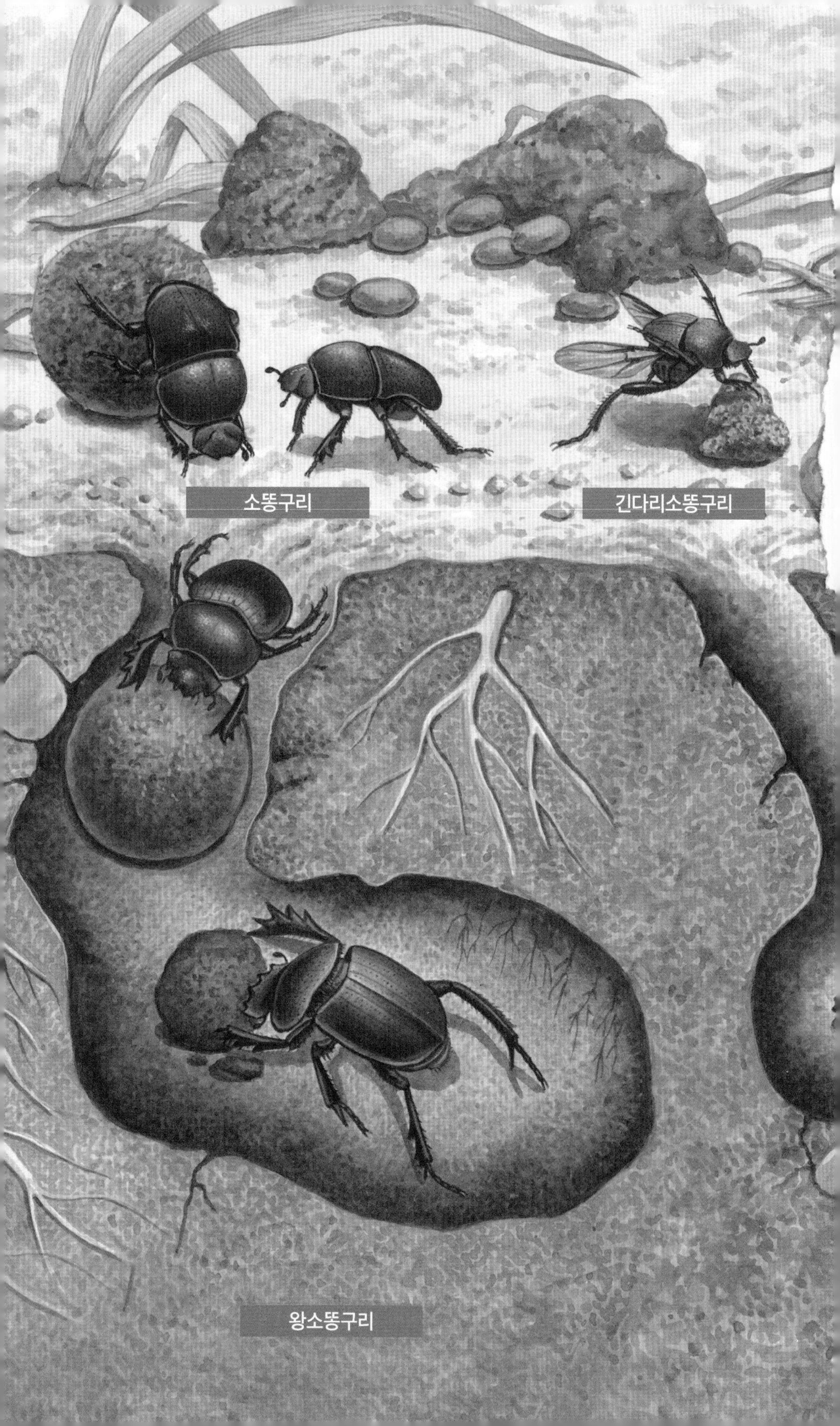
소똥구리
긴다리소똥구리
왕소똥구리

애기뿔소똥구리

약 16mm

약 9.5mm ※1:3

갓털똥풍뎅이

약 5.5mm

약 2mm ※1:6

보라금풍뎅이

약 19mm

약 10.5mm ※1:25

## 소똥구리와 유사한 종들

| | |
|---|---|
| **왕소똥구리**<br>*Scarabaeus typhon* Fischer von Waldheim, 1823<br><br>몸길이 20~33mm<br>가슴폭 10.5~18.0mm | 다리와 앞가슴 테두리의 털은 검정색이다. 머리방패 전체는 6개의 톱날 모양이고, 앞다리 종아리마디의 외치(가시)는 4개이며 발목마디는 없다. 2010년 강원도 대미산 일대에서 한차례 관찰되었으나(Park *et al.*, 2011) 이후 국내 발견 기록이 없다. |
| **긴다리소똥구리**<br>*Sisyphus schaefferi* Linnaeus, 1758<br><br>몸길이 7~12mm<br>가슴폭 4.5~7.0mm | 두꺼운 알 모양으로 광택 없는 검정색을 띤다. 머리방패는 폭이 좁은 사각형에 가까우나 앞가장자리 가운데는 매우 깊게 파이고, 파인 양옆은 삼각형처럼 뾰족하게 돌출한다. 앞다리 종아리마디에 외치가 있으며, 종아리마디는 넓적다리마디와 거의 같은 길이이다. |
| **애기뿔소똥구리**<br>*Copris tripartitus* Waterhouse, 1875<br><br>몸길이 13~19mm<br>가슴폭 6.9~11.5mm | 광택이 강한 검정색을 띠며, 수컷은 이마에 상아 모양의 뿔이 있다. 딱지날개에는 가는 세로 홈이 있고, 앞다리 종아리마디 외치는 4개이다. 유충의 날개가 돋으면 암컷은 집을 떠난다.<br>소똥구리와 함께 멸종위기 야생생물 Ⅱ급으로 지정되어 있다. |
| **갓털똥풍뎅이**<br>*Aphodius urostigma* Harold, 1862<br><br>몸길이 4.3~6.0mm<br>가슴폭 1.9~2.2mm | 등이 낮고 긴 알 모양의 몸에 광택이 강한 황적색 내지 검정색을 띤다. 머리방패는 앞쪽으로 둥글고 머리와 앞가슴등판에는 조밀한 점각이 분포해 있다. 한국의 여름철 똥풍뎅이 중 우점종이다. |
| **보라금풍뎅이**<br>*Phelotrupes auratus* Motschulsky, 1858<br><br>몸길이 16~22mm<br>가슴폭 8.5~12.0mm | 딱정벌레목(Coleoptera) 금풍뎅이과(Geotrupidae)에 속하는 종이다. 등이 높아 반쪽짜리 공이나 약간 긴 육면체처럼 보인다. 등쪽은 광택이 강한 보라색이나 남청색, 녹색을 띠는 개체도 많다. 낮에 비상 활동을 하며 소, 말, 양을 비롯해 사람의 배설물에도 잘 모여든다. |

CHAPTER. 02
# 소똥구리의 생애

"나는 쇠똥구리가 이 경단을 어떻게 할 것인지 궁금했다. 쇠똥구리는 마치 물구나무서기를 하듯이 몸을 거꾸로 세웠다. 두 개의 긴 뒷다리로는 쇠똥 경단을 안아 몸을 버티게 한 뒤, 슬슬 뒷걸음치면서 경단을 밀기 시작했다. 놀라운 것은 경단을 굴려가니까 쇠똥덩이가 더욱 동그래지고 단단해지는 것이었다. 보면 볼수록 쇠똥구리의 하는 짓이 슬기롭기 그지없었다."

이 글은 초등 국어교과서(교과 과정 개정 전)에 실렸던 설명문의 일부이다. 여기에 묘사된 것처럼 경단을 만드는 소똥구리의 모습도 슬기롭지만, 경단의 활용은 더욱 놀랍다. 한쪽이 약간 튀어나온 모양의 경단은 식용이 아니라 양육을 위한 것인데, 소똥구리는 이 안에 알을 낳고 떠난다. 단, 아사회성(subsocial) 곤충인 애기뿔소똥구리, 뿔소똥구리는 떠나지 않고 곁에 있으며 알을 보호한다.

### 산란경단에서 자라는 유충

소똥구리가 만든 경단 중 한쪽이 약간 튀어나온 모양은 식용이 아니라 양육을 위한 것으로, 소똥구리는 이 안에 알을 낳고 떠난다. 만약 경단 벽에 구멍이 나면 유충은 자신의 배설물과 토사물을 이용하여

## 소똥구리 번데기의 우화 과정

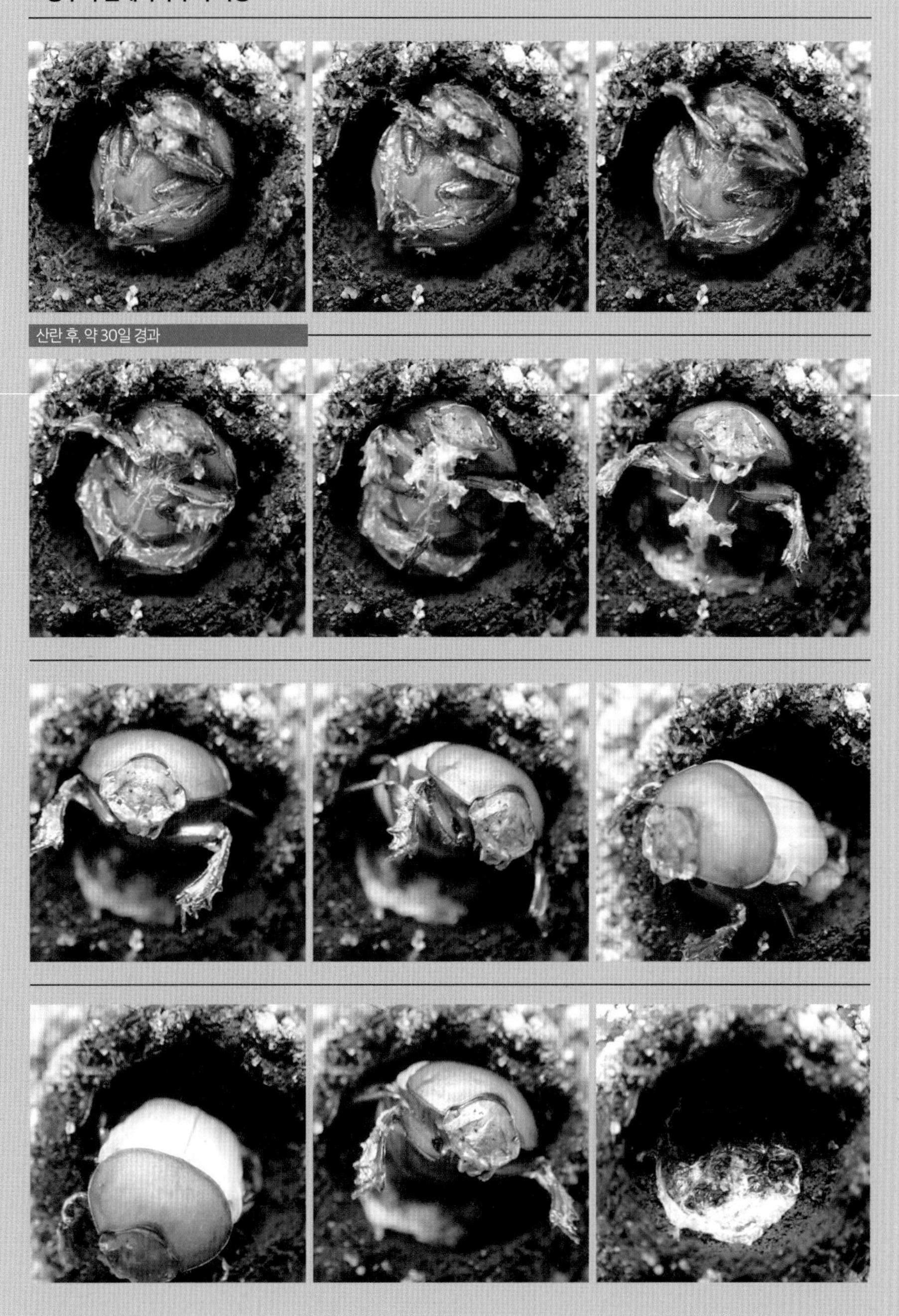

벽을 메워 수리한다. 한편 멸종위기종복원센터 연구팀에서 사육 온도에 따른 경단 특성을 조사한 결과, 낮은 온도에서 만들어진 산란경단의 폭이 큰 것으로 나타났다. 이렇게 소똥구리가 경단에 산란하는 기간은 약 60일 정도로 추정된다.

산란 후 3~5일이 지나면 경단 속의 알은 부화하여 1령의 유충이 되며, 2번의 탈피를 거쳐 3령(종령)의 유충이 된다. 멸종위기종복원센터 연구팀에서 각 영기별 유충의 두폭을 측정한 결과 1령일 때는 2.1±0.1mm, 2령은 2.8±0.9mm, 3령은 2.93±0.03mm로 각 영기마다 약 0.40±0.05mm 정도의 차이가 나는 것을 알 수 있었다.

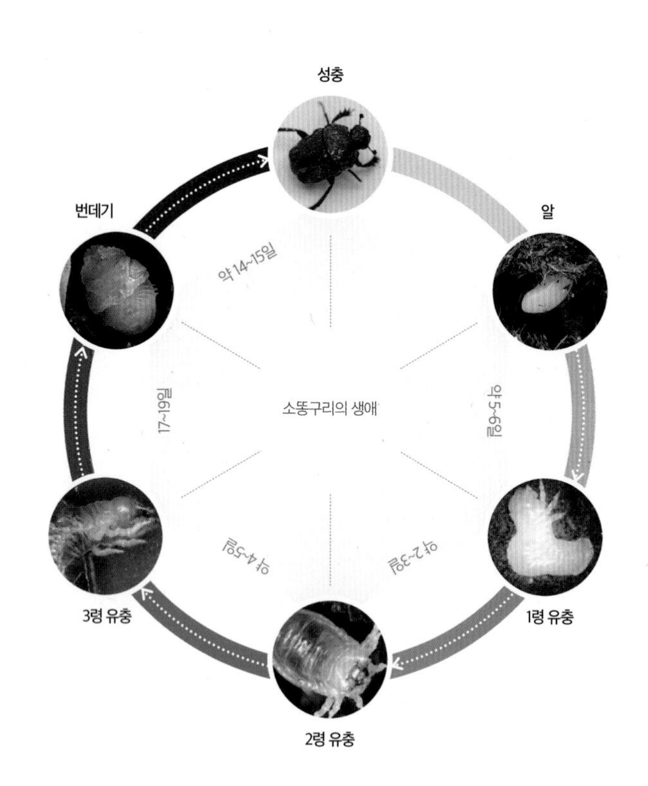

### 성충으로 우화

소똥구리 유충은 번데기가 될 때까지 경단의 두꺼운 부분을 지속적으로 먹는다. 경단은 어미가 땅속에 숨겨놓기 때문에 천적이 들어올 위험이 적어 소똥구리 유충은 안전한 곳에서 계속 먹고 있는 셈이다. 이렇게 먹다보면 둥근 방이 완성되고 경단 안의 벽을 두껍게 보수한 다음 번데기가 된다.

이후 소똥구리는 약 15일 동안 번데기로 지낸 후, 성충으로 우화해 경단을 깨고 나온다. 종합해보면 알에서 성충이 되기까지 약 40일 정도가 소요되는 것으로 볼 수 있는데, 멸종위기종복원센터의 조사 결과 성체까지 걸리는 시간은 상대적으로 더 높은 온도에서 짧아지는 것을 알 수 있었다. 늦봄부터 가을(4~9월)까지 활동하는 소똥구리 성충은 9~10월 중 월동을 시작하며, 새로 태어난 신성충은 생식활동을 하지 않고 월동기간을 거친 후 다음해부터 생식을 시작한다.

**성장 단계에 따른 유충 두폭 크기**[1]

[1] Kim *et al.*, 2021

| 성장단계 | 1령 | 2령 | 3령 |
|---|---|---|---|
| 두폭(mm) | 2.11±0.05 | 2.57±0.9 | 2.93±0.03 |

**사육 온도에 따른 산란 경단 크기 및 소똥구리 성장에 미치는 영향**

| Factor | 25℃ | 30℃ |
|---|---|---|
| 경단 장경(mm) | 18.9±0.39 | 18.7±0.41 |
| 경단 단경(mm) | 17.7±0.39 | 16.5±0.38 |
| 성체까지 걸리는 시간(일수) | 35.9±1.05 | 31.8±0.70 |

CHAPTER. 03

# 우리가 오해했던, 소똥구리 팩트 체크

소가 달구지를 끌거나 쟁기질하는 풍경이 흔했던 1970년대만 해도 소똥구리는 우리에게 친숙한 곤충이었다. 봄부터 초가을까지 농촌의 개활지나 하천변 도로에서 쉽게 볼 수 있었기 때문이다. 하지만 자주 보고 늘 부딪혀도 관심이 없다면 알지 못하듯, 소똥구리에 대한 우리의 지식도 얼마나 정확한지 한번쯤 체크해볼 필요가 있지 않을까.

FACT CHECK **01**

## 소똥구리가 맞고 쇠똥구리는 틀리다?

소똥구리는 오랜 시간 '쇠똥구리'로 불려왔다. 쇠똥구리란 '소의 똥을 굴린다'는 이 곤충의 생태적 특징을 잘 나타낸 이름이다. 그런데 국립국어원이 1988년 맞춤법 개정을 통해 '쇠고기'와 '소고기'를 복수표준어로 인정한 것처럼, 쇠똥구리와 소똥구리도 함께 표준어로 쓰이고 있다. 다만 학계에서는 소똥구리를 정식 국명으로 인정하고, 쇠똥구리를 국명이명(國名異名, 다른 우리말 이름)으로 정해 부르고 있다.

참고로 '소-'와 '쇠-'를 바꾸어 써도 무방한 경우는 뒤에 오는 말이 소의 부산물일 때만 가능한데, 즉 '소가죽, 소뼈'는 '쇠가죽, 쇠뼈'로 쓸 수 있지만 '소도둑'은 '쇠도둑'으로 쓸 수 없다.

FACT CHECK **02**

## 말똥구리, 말똥가리는 소똥구리와 같은 생물일까?

우선 말똥구리는 소똥구리의 다른 이름이다. 대형 초식동물의 분변을 먹는 소똥구리는 말똥도 굴려 먹이로 이용하기 때문. 하지만 말똥구리와 발음이 비슷한 말똥가리(*Buteo buteo*)는 매목 수리과에 속하는 조류로, 전혀 다른 생물이다. '하늘 위의 하이에나'라고도 불리는 이 겨울철 맹금류가 '말똥'이라는 이름을 갖게 된 어원에 대해서는 눈이 말똥말똥해서, 혹은 배 부분이 말똥색이라서 등 여러 견해가 있으나 정확히 밝혀진 바는 없다.

말똥가리 © 국립생물자원관

FACT CHECK **03**

## 소똥구리는 똥만 먹는다?

소, 말, 양 등 대형 초식동물의 분변이 소똥구리의 주요 먹이인 것은 맞지만, 모든 소똥구리가 그것만 먹는 것은 아니다.
전 세계적으로 소똥구리과(Scarabaeidae)에 속하는 곤충은 약 3만5천여 종, 소똥구리속(*Gymnopleurus*)에 속하는 곤충도 약 2만8천여 종이 있는데, 이 중에는 썩은 고기나 균류, 꽃가루, 과일 등을 먹는 소똥구리도 있다.[1]

[1] Korasaki *et al.*, 2012

FACT CHECK **04**

## 소똥구리도 날 수 있다?

물구나무 선 자세로 자기 몸보다 훨씬 크고 무거운 경단을 열심히 굴리는 모습. 소똥구리의 이 모습만 떠올리는 사람에게는 소똥구리에게 날개가 있고, 날 수도 있다는 사실이 생소하게 느껴질 것이다.
하지만 소똥구리는 많은 딱정벌레목 곤충들이 그렇듯이, 딱지날개 아래 반투명한 한 쌍의 날개가 있다. 그렇기 때문에 어딘가에 먹이원이 될 신선한 분변이 나타나면, 재빨리 그곳으로 날아가 경단을 만들 수 있는 것이다.
만약 소똥구리에게 날개가 없다면, 힘겹게 기어서 가봐야 이미 똥무더기는 다 사라지고 없거나 딱딱하게 말라버렸을테니 굶어 죽기 딱 좋지 않을까?

날아가는 소똥구리 © 국립멸종위기종복원센터

FACT CHECK **05**

## 소똥구리류는 모두 똥을 굴린다?

우리나라에 기록된 소똥구리류는 모두 8속 38종인데, 이 중 똥구슬을 만들어 굴리는 이른바 경단형(Rollers)은 왕소똥구리(*Scarabaeus typhon*), 소똥구리(*Gymnopleurus mopsus*), 긴다리소똥구리(*Sisyphus schaefferi*)의 3종뿐이다. 하지만 이밖에도 먹이인 분변 아래 굴을 파서 먹이를 저장하고 알을 낳는 터널형(Tunnelers, 애기뿔소똥구리), 아예 똥무더기 속에 들어가서 사는 거주형(Dwellers, 갓털똥풍뎅이(똥풍뎅이과)) 분식성 곤충류도 있는데, 결국 똥을 굴리는 종보다 굴리지 않는 종들이 훨씬 많은 셈이다.

FACT CHECK **06**

## 함께 경단을 굴린다면 친구일까? 적일까?

예전에는 소똥구리 두 마리가 함께 경단을 굴리는 모습을 흔히 볼 수 있었다는데, 과연 이 때 두 녀석은 협업 중인 것일까? 답은 그럴 수도 있고, 아닐 수도 있다. 우선 소똥구리 수컷은 멋진 경단을 만들어 암컷과 공유하며 짝짓기 하는 경향이 있는데, 이 경우 함께 경단을 굴리는 암컷은 동반자적 관계라 볼 수 있다.

그런데 어떤 소똥구리는 다른 소똥구리가 힘들게 만든 경단을 중간에 가로채기 위해 달려들기도 한다니, 이 때는 서로 경단을 차지하기 위해 힘겨루기 하는 모습을 오해한 게 아닌가 자세히 살펴봐야 할 것 같다.

소똥구리 ⓒ 이형종

FACT CHECK **07**

## 경단의 모양과 용도가 동일한 것은 아니다?

번데기에서 막 우화한 소똥구리 신성충은 기나긴 월동에 필요한 먹이로 쓰기 위해 경단을 제작한다. 그런가 하면 월동을 거친 소똥구리 수컷은 암컷에게 구애하려는 목적으로 경단을 만들며, 암컷과 짝짓기 후 알을 낳기 위해 경단을 만들기도 한다. 이 때 산란 경단은 둥근 구형이 아니라 서양배(pear)처럼 한 쪽이 볼록 튀어나온 모양을 띠는데, 동그란 소똥 경단에 소똥구리 암컷이 알을 낳아 특정 부분이 볼록해진 것이다.

FACT CHECK **08**

## 경단 속 애벌레는 경단이 부서지면 죽는다?

꼭 그런 것은 아니다. 땅 아래 묻힌 경단 속 애벌레는 똥구슬을 조금씩 뜯어 먹으며 자라는데, 이때 경단에 금이 가거나 모양이 망가지면 재빨리 자신의 배설물과 토사물을 이용해 부서진 부분을 보수하곤 한다. 또 뿔소똥구리의 경우에는 알을 낳은 암컷이 경단 곁에서 생활하며 애벌레가 우화할 때까지 돌보는데, 경단이 너무 마르거나 축축해지지 않도록 수시로 모양을 매만지기 때문에 소똥구리 애벌레가 경단 속에서 죽을 확률은 낮은 편이다.

FACT CHECK **09**

## 뿔소똥구리는 모두 뿔을 갖고 있다?

우리나라에 서식하는 소똥구리류 중 국명에 '뿔'이 들어가는 소똥구리는 총 4종(소똥풍뎅이속 제외)이다. 뿔소똥구리(*Copris ochus*), 애기뿔소똥구리(*Copris tripartitus*), 창뿔소똥구리(*Liatongus phanaeoides*), 외뿔애기꼬마소똥구리(*Caccobius unicornis*)인데, 이들은 모두 수컷의 머리 중앙에 크고 작은 뿔이 하나씩 나 있다. 그러나 암컷은 뿔이 없는데, 다만 뿔이 있어야 할 부위에 융기선이 있다는 공통점을 갖고 있다.

애기뿔소똥구리 암컷 © 국립생물자원관

CHAPTER. 04

# 국내·외 분포 및 서식

분식(糞食)성 곤충인 소똥구리류의 서식은 척추동물의 이동과 분포에 많은 영향을 받는다. 이러한 특성을 고려해 조사하다가 중생대 공룡의 배설물 화석에서 소똥구리류로 추정되는 화석이 처음 발견되기도 했지만, 소똥구리류의 분포에 대한 연구는 아직 활발하게 이루어지지 않고 있다. 현재 소똥구리의 분포는 생물지리구를 기준으로 소똥구리아과[1] 선에서 수치로 나타내는 정도이다.

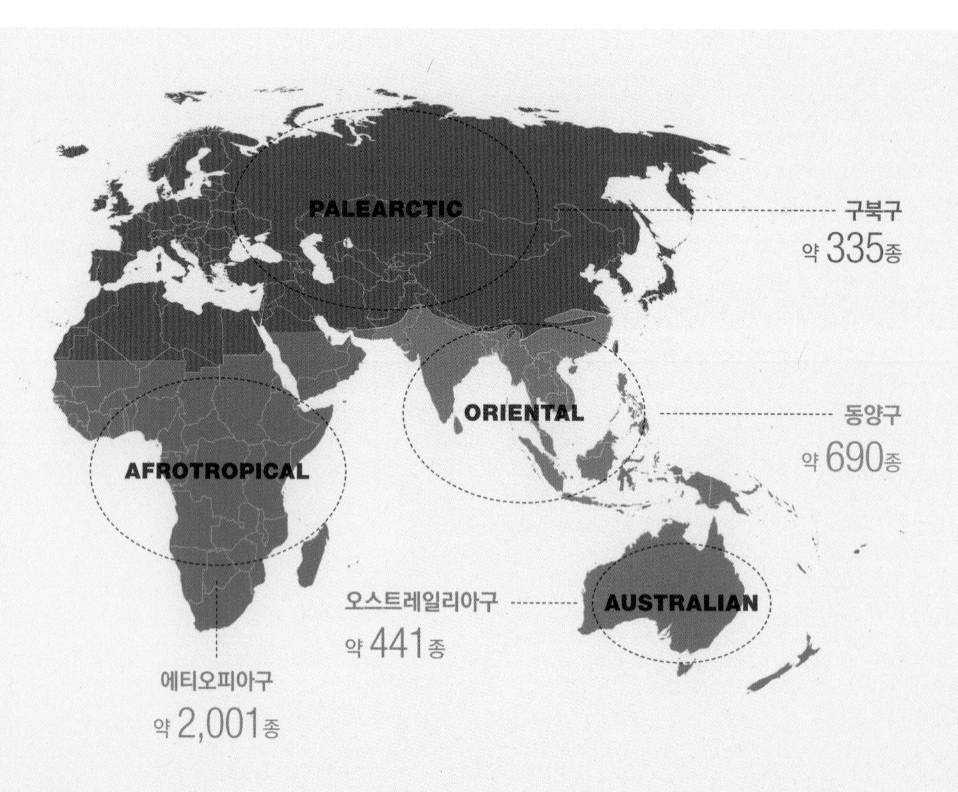

## 생물지리구와 권역별 분포

소똥구리의 분포를 이해하려면 먼저 생물지리구에 대한 이해가 필요하다. '생물지리구'란 동물의 서식 분포지, 지리적 환경, 기후의 연관성을 토대로 생물학적 특성을 유지하는 구역을 지라학적 특성으로 나눈 것을 의미한다. 생물지리학자인 월리스(Alfred Russel Wallace)가 동물의 서식지인 육지가 산맥, 사막, 대양 등 자연환경에 의해 분리되는 것을 깨닫고 구북구, 신북구, 신열대구, 에티오피아구, 동양구, 오스트레일리아구의 6개 구역으로 나누었다.

이를 기준으로 소똥구리아과를 살펴보면 에티오피아구(약 104속 2,001종)에 가장 많은 종이 분포하고 있으며, 신열대구(약 68속 1,163종)와 동양구(약 42속 690종), 오스트레일리아구(약 30속 441종), 구북구(약 17속 335종)에 이어 신북구(약 11속 88종)에 가장 적게 분포하는 것으로 나타났다.[2]

❶ 소똥구리아과(Scarabaeinae): 분류학적 순위로 소똥구리과(Scarabaeidae)의 하위에 속하며, 분류학적 순서는 과(Family) > 아과(subfamily) > 속(genus) 순으로 나타난다.

❷ Davis and Scholtz, 2001

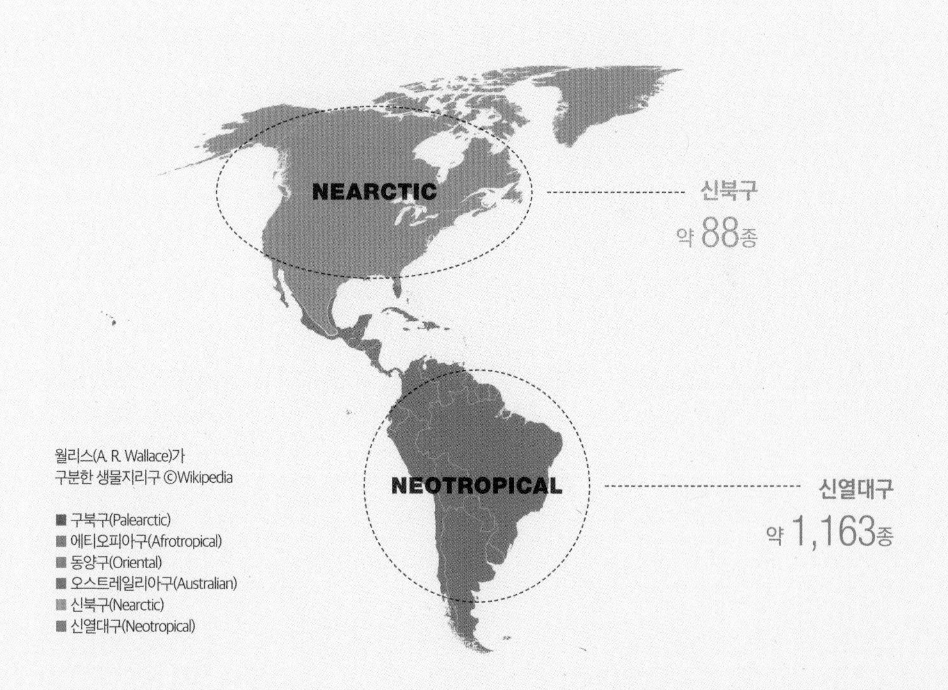


월리스(A. R. Wallace)가 구분한 생물지리구 ©Wikipedia

- 구북구(Palearctic)
- 에티오피아구(Afrotropical)
- 동양구(Oriental)
- 오스트레일리아구(Australian)
- 신북구(Nearctic)
- 신열대구(Neotropical)

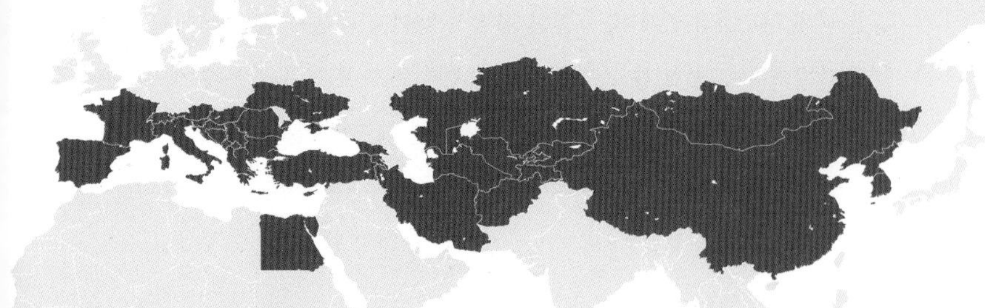

소똥구리 분포 :
일본과 러시아 등 일부 지역을 제외한 구북구

즉, 소똥구리류는 남극을 제외하고는 전 세계적으로 널리 분포한다는 것을 알 수 있다. 하지만 소똥구리류의 분포에 대한 세부 연구가 아직은 널리 이루어지지 않았으며, 소똥구리(*Gymnopleurus mopsus*)는 일본과 러시아 등 일부 지역을 제외한 구북구(paleoarctic region) 전역에 서식한다고 알려져 있다.

앞서 언급한 데이터에는 섬 지역(카리브, 마다가스카, 뉴질랜드 등)과 미기록종 등이 포함되지 못해, 최근에는 계통발생학적 연구를 통해 기존 미포함 지역을 포함하여 11개 권역으로 구분하는 새로운 생물지리구가 제시되고 있다.

## 국내 소똥구리류의 분포

소똥구리류가 우리나라에 언제부터 서식했는지는 정확하게 알 수 없다. 다만 고고학자들의 연구 결과에 의하면, 가축 사육이 시작된 고대 부여와 고구려 때인 3세기부터 서기 400년 사이로 추정할 수 있다. 물론 가축이 유입되기 전부터 소똥구리류가 존재했을 수도 있으나, 대형 초식동물(가축)과 밀접한 공존 관계에 있는 소똥구리나 왕소똥구리는 가축의 도입과 함께 유입되었을 가능성이 더 높다.

이처럼 오랜 세월 우리와 함께 한 소똥구리류는 대부분 우리나라 전역에 분포하고 있으며, 특별한 지역적 차이나 특성은 없는 것으로 판단된다.[3] 이 중 소똥구리과(Scarabaeidae)는 과거 표본 기록에 소수만 남아있는데, 지금까지 우리나라에 서식한 것으로 기록된 소똥구리류(Family Scarabaeidae)는 총 38종, 이들 중 소똥구리(*Gymnopleurus mopsus*)와 애기뿔소똥구리(*Copris ochus*)는 환경부 멸종위기 야생생물 Ⅱ급으로 지정되었다.

현재 소똥구리(*Gymnopleurus mopsus*)는 1970년대 이후 확인된 기록이 없어 우리나라에서는 절멸된 것으로 간주하고 있다.[4] 왕소똥구리(*Scarabaeus typhon*) 역시 1960년대까지는 우리나라 전역에서 흔히 관찰되던 종이지만, 점차 개체수가 감소하여 2010년 강원도 대미산에서의 관찰 기록을 마지막으로 현재는 확인되지 않고 있다.[5]

[3] Kim, 2012

[4] Han *et al.*, 2016

[5] Park *et al.*, 2011

강원도 평창군 대미산 © 한국민족문화대백과사전

CHAPTER. 05

# 생태계 분해자로서의 역할 및 기능

앞서 살펴본 것처럼 소똥구리류는 전 세계에 폭넓게 분포해 왔으나 최근 빠른 속도로 자취를 감추고 있다. 이와 관련해 미국, 호주, 일본 등에서는 그동안 소똥구리들이 생태계에서 어떤 역할을 해왔고, 이러한 소똥구리의 기능을 어떻게 활용할지 연구를 진행해왔다. 우리나라에서도 사라진 소똥구리의 종 복원이 왜 중요한지, 그 필요성에 대해 곰곰이 생각해 볼 대목이다.

## 온실가스 감소 및 환경 정화

최근 지구온난화의 가장 큰 원인으로 지목되는 온실가스. 특히 축산업과 낙농업은 온실효과에 강력한 영향을 미치는 메탄의 주요 발생원이다. 메탄은 이산화탄소에 비해 온실효과가 20배 더 강한 것으로 알려져 있는데, 대부분의 메탄은 소의 장내 소화 과정에서 발생하며 일부는 초지의 분변에서 발생한다.

소똥구리들은 분변을 먹고 뒤섞으며 경단을 묻는 일련의 활동을 통해 분변 내 혐기성 미생물을 호기성 미생물로 변화시켜 메탄의 생성을 감소시킨다. 한 연구에서는 소똥구리류가 분변 한 덩어리에서 약 14.5%의 메탄가스를 감소시키는 효과를 확인했으며, 초지에서는 소똥구리들의 활동이 연간 21%의 메탄가스 감소 효과를 일으키는 것으로 나타났다.[1]

[1] Slade *et al.*, 2016

우리나라도 국내 축산 농가에서 하루 평균 27,862톤의 가축 분뇨가 발생하는데, 이는 대부분 퇴·액비화를 통해 처리하고 있으나 악취 등 2차 오염물질이 발생하고 처리 과정에 많은 부지가 소요되는 단점이 있다. 하지만 소똥구리는 친환경적인 방법으로 분변을 분해하고 이동시키기 때문에 환경 정화 곤충으로서의 가치가 매우 높다.

소똥구리들의 활동은 연간 21%의 메탄가스를 감소시키는 효과가 있다.

## 기생충, 유해 파리의 발생 조절

대형 초식동물의 분변을 먹이와 보금자리로 이용하는 소똥구리의 활동은 같은 배설물에 산란하는 파리, 초식동물의 체내 기생충을 감소시키기도 한다. 먼저 이들은 분변을 분해해 보다 빨리 건조시키며, 분변을 경단으로 만들고 먹는 과정에서 기생충의 알과 유충을 죽인다. 아울러 경단을 땅속 깊이 묻음으로써 기생충의 유충이 지표면으로 다시 올라오기 어렵게 만든다.

보통 기생충은 가축의 체내에서 번식하고 알은 분변으로 배출되는데, 알이 부화하면 유충은 풀로 이동하여 다시 초식동물에게 섭취되는 과정을 통해 빠르게 감염률을 높인다. 하지만 소똥구리가 분변을 분해하는 동안 배설물이 빠르게 건조되면 분변 속 알이 죽고 목초지의 기생충 수도 줄어든다. 과학자 핀처는 미국 남동부의 소 목초지에서 소똥구리의 수를 5배 늘렸더니 기생충이 약 15배 감소하는 현상을 확인했으며,[2] 또 다른 실험에서는 소똥구리가 없는 곳에서 방목하는 송아지가 소똥구리가 있는 곳에서 방목하는 송아지보다 4배 더 많은 기생충을 갖고 있는 것을 확인했다[3]고 밝혔다.

[2] Fincher, 1973

[3] Fincher, 1975

또 어떤 파리류는 소의 눈과 입 주변에서 피를 빨아 먹으며 소의 성장을 지연시키는데, 소똥구리는 이러한 유해 파리의 유충과 함께 분변을 놓고 먹이 경쟁을 한다. 파리의 알은 소똥구리가 분변을 먹거나 경단을 만드는 동안 물리적으로 손상되어 생존율이 떨어지고, 혹 유충이 어렵사리 부화해도 소똥구리가 이미 다 차지해버린 분변에는 먹이가 부족해 성장이 어려워지는 것이다.

## 동물의 분변에 포함된 영양물질 비율

| | 사람 | 침팬지 | 돼지 | 호랑이 | 사자 | 사슴 | 들소 | 얼룩말 | 영양 |
|---|---|---|---|---|---|---|---|---|---|
| 단위 : % | | | | | | | | | |
| 수분 | 75.71 | 79.29 | 62.23 | 40.17 | 69.43 | 70.37 | 74.14 | 76.88 | 70.39 |
| 총 질소 | 5.74 | 3.33 | 2.00 | 3.12 | 4.15 | 2.28 | 1.44 | 1.12 | 1.88 |
| 유기농 질소(N) | 5.54 | 3.25 | 1.96 | 3.00 | 4.03 | 2.21 | 1.41 | 1.08 | 1.84 |
| 유기농 탄소(C) | 51.96 | 43.71 | 33.49 | 37.20 | 39.48 | 45.75 | 37.84 | 37.23 | 42.89 |
| C:N 비율 | 9.1 | 13.1 | 16.7 | 11.9 | 9.5 | 20.1 | 26.3 | 33.2 | 22.8 |
| 재 | 10.69 | 17.88 | 38.65 | 44.43 | 32.77 | 13.81 | 28.96 | 29.55 | 19.55 |
| 인 | 3.28 | 4.78 | 3.19 | 16.85 | 4.96 | 2.76 | 1.24 | 1.27 | 2.85 |
| 칼륨 | 1.33 | 2.77 | 0.75 | 0.24 | 0.46 | 0.26 | 0.45 | 2.11 | 1.99 |
| 칼슘 | 2.31 | 2.88 | 2.86 | 13.71 | 5.37 | 2.68 | 2.99 | 0.64 | 1.65 |
| 마그네슘 | 0.73 | 0.48 | 0.54 | 0.81 | 0.43 | 0.92 | 0.46 | 0.20 | 0.41 |
| 나트륨 | 0.14 | 0.03 | 0.20 | 0.36 | 0.49 | 0.06 | 0.09 | 0.23 | 0.21 |
| 단위 : PPM | | | | | | | | | |
| 아연 | 796.9 | 366 | 442 | 1,240.2 | 427 | 424 | 71.8 | 126.2 | 231.5 |
| 철 | 391.1 | 487.1 | 2,449.3 | 2,377.3 | 2,616.2 | 1,172.4 | 1,694.3 | 2,198.2 | 932.9 |
| 단위 : pH | | | | | | | | | |
| 산성도 | 5.8 | 6.2 | 6.7 | 6.2 | 6.2 | 6.9 | 8.1 | 7.1 | 6.8 |
| 단위 : % | | | | | | | | | |
| 건조 물질 | 24.29 | 20.71 | 37.77 | 59.83 | 30.57 | 29.63 | 25.86 | 23.12 | 29.61 |

※ 호랑이(Bengal Tiger), 사자(Africa Lion), 사슴(Moose), 영양(Waterbuck)

※ 자료 출처: Whipple and Hoback, 2012

### 토양 영양분 순환과 식물 성장

동물의 분변에는 질소, 탄소, 인, 칼륨, 칼슘, 마그네슘, 나트륨, 아연, 철 등 미처 소화되지 못한 영양분이 남아 있다. 이 중 질소는 식물의 생산성에 큰 영향을 미치는데, 국제연합식량농업기구(Food and Agricultural Organization, FAO)의 보고서에 따르면 1990년대 중반 밀집가축생산 시스템에서 만들어진 3,000만 톤의 질소 중 1/3이 넘는 1,200만 톤이 암모니아 기체로 휘발되었다고 한다. 만약 소똥구리가 이 분변을 분해했다면, 암모니아 휘발로 인한 질소의 손실을 줄이고 미생물 무기화 작업을 통해 식물이 흡수 가능한 질소로 변화시켜 토양을 비옥하게 만들었을 것이다.

소똥구리류의 생태적 기능

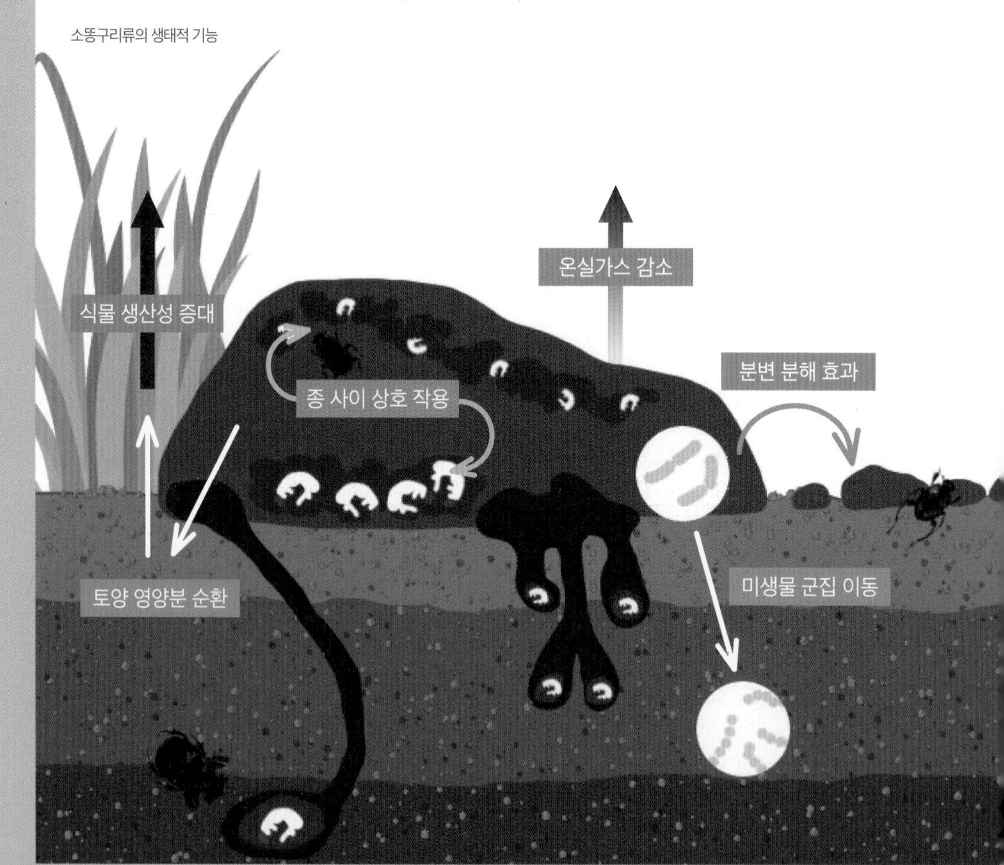

이밖에도 소똥구리들이 활동하는 토양에서는 인, 칼륨, 칼슘, 마그네슘의 양이 증가하며, 토양의 pH와 양이온 교환율을 높여 식물이 튼튼하게 성장할 수 있는 환경이 만들어진다. 어떤 연구에서는 질소(N) 100kg/ha, 오산화인($P_2O_5$) 100kg/ha, 산화칼륨($K_2O$) 100kg/ha의 화학비료를 사용했을 때보다 소똥구리들이 활동한 토양이 식물 성장에 더 나은 효과를 보였다고 한다.[4] 우산잔디 초지에서 실험한 내용에서는 질산암모늄 비료 112kg/ha를 사용했을 때보다 소똥구리류의 자연 활동이 초지생산량을 더 높였고, 224kg/ha를 사용했을 때 비슷한 효과를 나타냈다고 한다.[5]

[4] Nichols *et al.*, 2008

[5] Fincher *et al.*, 1981

### 종자 분산 및 수분 기능

동물의 분변에는 소화되지 않은 씨앗도 다량 존재한다. 사실 소똥구리의 입장에서는 유충의 먹이로 쓰지도 못하는데 경단 속에서 공간만 차지하는 종자가 한낱 불순물에 불과하다. 하지만 분변에 모여든 먹이 경쟁자들 속에서 신속하게 경단을 만들다 보면 어쩔 수 없이 다양한 씨앗이 경단에 들어가고, 굴려져 땅 속에 묻히게 된다. 씨앗의

입장에서는 직접적으로 종자를 먹는 새나 곤충들로부터 벗어나 단번에 발아가 가능한 환경으로 옮겨지는 것이다.

냄새가 지독해 소똥구리가 수분을 하는 시체꽃, 타이탄 아룸(Titan Arum)

이러한 소똥구리의 습성은 때때로 완벽하게 이용당하기도 한다. 남아프리카에서 자라는 식물 중 갈대를 닮은 케라토카리움 아르겐테움(*Ceratocaryum argenteum*)의 씨앗은 영양(Antelopes)의 분변과 비슷한 둥근 모양뿐 아니라, 분변의 냄새까지 나는 열매를 갖고 있다. 그런데 이를 경단으로 착각한 소똥구리가 열심히 굴려 땅속에 묻음으로써 본의 아니게 이 식물의 번식에 기여한다는 것. 또 천남성과(Araceae)와 로이아과(Lowiaceae)의 일부 식물 중에는 동물의 분변 냄새를 풍겨 소똥풍뎅이들이 꽃가루를 매개하도록 만드는 식물들이 있다고 하니, 자연의 신비는 참 놀랍기만 하다.

## 생태계서비스 기능

생태계서비스란 생태계가 직·간접적으로 인간에게 이득을 주는 기능을 말하는데, 소똥구리류의 생태계서비스는 주로 호주의 축산업에서 연구되었다. 처음 호주에 소를 들여왔을 때, 소의 분변을 분해할 소똥구리가 없어서 1년에 약 3,300만 톤의 분변이 쌓였다고 한다. 이 엄청난 양의 배설물로 인해 유해 파리의 개체 수가 급증했고, 가축들은 분변이 쌓인 곳 주변의 풀을 먹지 않아 오염된 초지가 점점 넓어졌다. 마침내 호주 정부는 1968~1982년 남아프리카에서 55종의 소똥구리류를 수입해 들여왔는데, 그중 8종이 자리를 잡으면서 이 문제를 해결할 수 있었다.

미국에서는 소똥구리들이 축산업에 기여하는 순 가치가 연간 3억8천만 달러, 우리 돈으로 약 4,500억 원에 달한다는 연구 보고서가 나왔다. 이는 비료 사용, 초지 생산성 유지, 기생충과 해충 감소 등을 포함한 수치다. 지속가능한 가축 생산 유지에 소똥구리들이 얼마나 큰 경제적 역할을 담당하는지 알 수 있다.

목축업을 중시하는 몇몇 나라에서는 소똥구리를 통해 얻어지는 비옥한 목초지를 확보하기 위해 소똥구리의 보전과 증식에 심혈을 기울이고 있으며, 일본의 동북농업시험장 및 호주의 CISRO는 실용화에 성공한 바 있다. 넓은 방목지를 가진 호주와 유럽에서는 이미 20~30년 전부터 소똥구리에 대한 연구를 시작하여 생태계 내 소똥구리의 역할을 활용하는 단계에 있으며, 현재는 방사한 소똥구리의 밀도 유지를 위해 구충제의 사용 시기, 농도 조절, 약제 선별 등과 관련한 연구를 추진 중이다.

이처럼 땅을 비옥하게 하고 식물의 종자를 퍼트리며 분변에 몰려드는 해충을 줄여주는 등 다양한 기능과 역할을 담당하는 친환경 곤충, 소똥구리. 하지만 이제는 사라진 소똥구리를 다시금 우리 자연에서 만날 수 있도록 복원에 관심을 가지고 노력을 기울여야 하지 않을까.

Nature's scavenger , Dung Beetle

자연의청소부, 소똥구리

# section. 2

# 소똥구리와 친하기

CHAPTER. 06

# 역사 속 소똥구리

이집트의 공예품

## 소똥구리류는 언제부터 지구에 존재했을까?

소똥구리 화석과 현재 살아남아 있는 소똥구리류, 풍뎅이 등 450여 종의 DNA를 분석한 연구 결과에 따르면, 소똥구리류는 백악기 전반기(약 1억 3,000만 년~1억 1,500만 년)부터 존재한 것으로 추정된다.[1] 이때 소똥구리류는 공룡의 분변을 먹으며 공룡과 공존했을 것으로 보인다. 그런데 여기서 우리는 한 가지 의문을 갖게 된다. 약 6,500만 년 전 공룡이 멸종했을 때 소똥구리류도 함께 사라졌을까? 이에 대해 과학자들은 실제로 그 당시 많은 수의 소똥구리류들이 사라졌겠지만, 그중 포유류의 분변도 먹던 종들은 살아남았을 것이라고 추측한다. 그리고 이들이 적응하여 현재 우리와 공존하는 소똥구리류로 분화되었을 것이라고 말이다.

[1] 체코 팰라키대 동물학과, 호주 커먼웰스 과학기술연구회 소속 국립곤충박물관, 퀸스랜드공대(QUT) 지구환경생물과학대 공동연구팀이 자연과학 분야 국제학술지 '플로스 원(PLOS One)' 에 발표

## 신앙적 의미를 부여한 고대 이집트

이렇게 소똥구리류가 인류의 긴 역사 속에 공존했다는 것은 다양한 문화와 기록을 통해 알 수 있다. 소똥구리류에 대한 최초 기록은 기원전 약 3,000년 경 고대 이집트인들이 제작한 것으로 추정되는 석고 형태의 소똥구리이다. 이들은 소똥구리류가 번식을 위해 경단과

둥지를 만드는 행동에 다양한 상징과 의미를 두었던 것으로 보인다. 실제 역사적으로 살펴보면 소똥구리류가 고대 이집트 신앙에서 중요한 역할을 했다는 것을 알 수 있다.

고대 이집트는 제5왕조 때부터 태양신 라(Ra)를 숭배했다. 그런데 소똥구리가 굴리는 경단은 둥근 모양 때문에 태양으로 상징되었으며, 경단을 굴리는 모습은 태양이 하늘을 가로지르며 지나가는 길을 호위하는 것으로 표현하였다. 또한 이집트 사제들은 소똥구리류의 일생을 태양이 뜨고 지는 일련의 과정과 동일시하며 신성하게 여겼다. 태

카막신전의 조각상

양이 서쪽으로 기울면서 아래로 내려가는 것은 소똥구리류가 번식을 위해 경단을 땅속으로 가져가는 모습과 일치하고, 동쪽에서 태양이 떠오르는 것은 소똥구리가 알에서 부화한 뒤, 땅속에서 새롭게 나오는 모습에 비유한 것이다. 아울러 모든 소똥구리류는 수컷만 존재하며 이들은 자손을 단독적으로 창조할 수 있다고 여겼다. 이는 태양신 라(Ra) 역시 두 이성 간의 결합에 의해 태어나지 않았다는 믿음과 동일시한 것이다.

하지만 세월이 흘러 이집트 중왕국(Middle Kingdom, 기원전 약 2000~ 1650년) 시대부터는 소똥구리류의 역할에 대한 생각이 조금 달라졌다. 일반적으로 분뇨는 모든 과정이 끝나 자연으로 돌아가는, 다시 말해 '죽음'과 연관이 있는 것으로 생각한다. 이렇게 모든 과정이 끝난 것으로 여기는 분뇨를 가지고 땅속으로 들어간 뒤 새롭게 태어나는 소똥구

소똥구리 머리를 한 태양신 케프리가 새겨진 신전

리류의 행동을 마치 죽음 이후 다시 태어나는 초자연적인 존재로 받아들이게 된 것이다. 실제로는 알에서 깨어난 것이지만 단순하게 분변을 가지고 땅속으로 들어간 뒤 새롭게 태어나는 무한 영생으로 여기며 소똥구리류에 대한 신비와 환상을 가졌다. 당시에는 소똥구리류의 수명이나 생태 등에 대한 과학적 연구가 이루어지지 않았기 때문이다.

우리가 잘 알고 있는 이집트 미라가 하얀 붕대로 시체를 감아놓은 형태도 소똥구리류의 하얀색 번데기 형상에서 영감을 받은 것이다. 껍질을 벗고 번데기에서 성충으로 우화하는 소똥구리류처럼 죽음을 맞이한 사람 역시 미라의 하얀 붕대로 이루어진 껍질을 벗고 다시 태어나기를 기원하는 마음에서 비롯되었다고 해석할 수 있다. 실제로 2018년 이집트 카이로 남부 사카라 유적지에서 이집트 제5왕조 시대(기원전 2498년~기원전 2345년)에 지어진 것으로 추정되는 고대 무덤 7개가 발굴되었는데, 여기서 좀처럼 보기 힘든 소똥구리 미라가 발견됐다. 둥근 뚜껑이 덮인 직사각형 모양의 석회석 관(棺) 속에 미라 2점이 들어 있었는데, 표면에는 쇠똥구리 3마리가 검은색으로 그려져 있었다.

### 고대 그리스와 로마에서는 행운의 부적

이집트인들과는 달리 고대 그리스와 로마인들은 소똥구리류를 삶과 죽음, 그리고 태양신 라의 상징으로 여기지는 않았다. 단순히 행운을 불러오는 부적 정도로 생각했다. 특히 1981년 클라우니처(Klausnitzer)의 보고에 의하면 세 개의 멋있는 뿔을 가진 소똥구리류의 한 종인 '*Typhoeus typhoeus*(Geotrupidae, 금풍뎅이과)'를 목에 걸고 있으면 귀의 통증, 방광결석 및 수종병이 치료된다고 믿었고, 심지어 소똥구리류가 굴리는 경단은 '신성한 똥'으로 불리며 비싼 약재로 판매되었다.

## 다양한 의미를 가졌던 소똥구리류

브라질 북서부를 여행 중이던 19세기 독일 탐험가 테오도르 코흐 그룬베르그(Theodore Koch-Grunberg, 1921)는 원주민들이 가면을 쓴 채 서로 손을 잡고 춤을 추며 노래하는 것을 보았는데, 이 춤의 이름이 '소똥구리류의 춤' 이라는 것을 알게 됐다. 그는 원주민들이 이 춤에 대해 '신비한 힘을 가지고 있어 악마를 쫓아낼 수 있고, 다산을 이룬다는 믿음을 갖고 있다'고 해석했다. 또한 북아프리카 일부 지역에서는 여성들이 동글동글하고 통통한 형태를 지닌 소똥구리류를 먹으면 자신들도 통통해질 것이라는 믿음에 이를 섭취한다고 한다. 이 외에 소똥구리류의 모양은 행운, 건강, 생명에 대한 상징성을 가지고 있어 고대부터 오늘날까지 보석류 등의 장식품으로 만들어지고 있다.

소똥구리를 모티브로 한 다양한 장신구

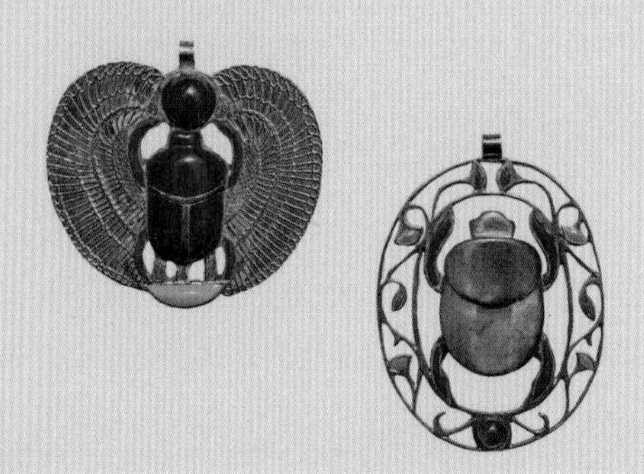

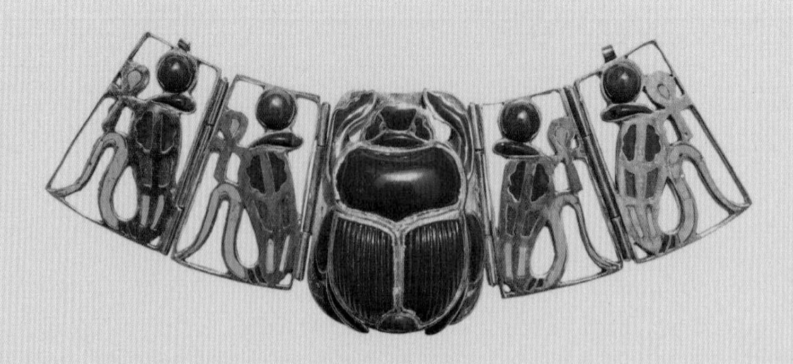

### 파브르의 보고보다 앞선 『성호사설』의 기록

소똥구리는 우리나라 역사에도 어김없이 등장한다. 조선시대의 문답집이나 그림 등에서 찾아볼 수 있는데, 대표적으로 조선시대 후기 실학자 성호 이익(李瀷, 1681~1763)이 편찬한 『성호사설(星湖僿說)』에 소똥구리를 관찰한 내용이 기록되어 있다. 백과사전 형태인 『성호사설 제4권 만물문(萬物門)』에는 "소똥구리는 똥을 경단으로 둥글게 만들어 암수 한 쌍이 함께 굴리다가 적당한 자리에 땅을 파고 넣은 다음, 흙으로 덮고 간다. 그리고 며칠이 지나면 경단은 저절로 움직이고 1~2일 정도 지나면 소똥구리가 경단을 깨고 나와 날아간다" 라고 기록되어 있다. 이는 세계적인 곤충학자 장 앙리 파브르(Jean-Henri Fabre, 1823~1915)가 '소똥구리류의 한 종은 암수가 함께 똥으로 경단을 만들어 번식한다'고 보고한 것과 비교했을 때, 우리나라가 약 100여 년 앞서 소똥구리의 생태적 특성을 파악했다고 볼 수 있다.

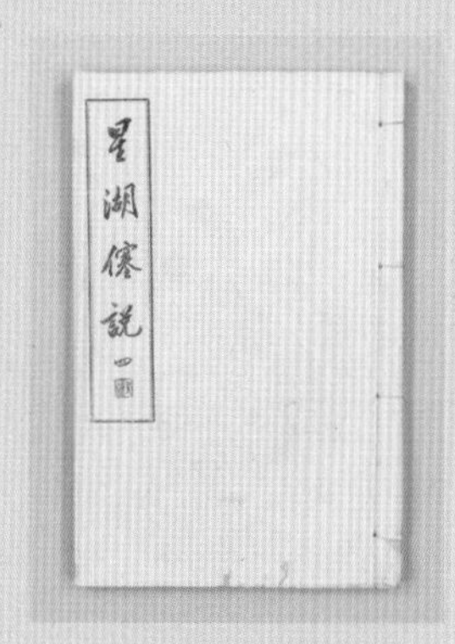


성호사설(星湖僿說) 4권 © 성호박물관

성호 이익 © 성호박물관

또 『성호사설』에는 "소똥구리 한 쌍이 경단을 굴리고 있으면 다른 소똥구리가 그 뒤를 몰래 따라다니면서 경단을 빼앗을 궁리를 한다. 이때 들킬 것 같으면 엎드려서 숨고 적당한 거리에서는 가만히 염탐하며, 거리가 멀어지게 되면 헐레벌떡 좇아가 이리저리 찾아다니니 그 모습이 참으로 얄밉다."는 기록이 있다.[2] 이러한 관찰기록은 소똥구리의 생활사와 행동생태에 대해 굉장히 구체적이며, 국립생태원 멸종위기종복원센터의 소똥구리(*Gymnopleurus mopsus*) 생태 연구 결과와도 상당히 부합한다.

[2] 한국고전종합 DB

이 외에도 『성호사설』에는 다른 소똥구리류에 대한 기록이 있다. "혼자서 똥을 경단으로 만들어 굴리는 조금 더 크게 생긴 종류가 있는데, 이것의 배를 가르면 그 안에 실처럼 생긴 하얀 가닥들이 있으며, 이를 떼어서 종기가 난 곳에 붙이면 하얀 가닥이 살을 뚫고 들어간다. 심한 통증이 나타나지만 시간이 지나면 하얀 실과 같은 가닥은 물로 변하면서 종기의 독이 사라지게 된다" 는 내용인데, 현재 우리나라에서 소똥구리보다 더 크면서 똥을 굴리는 것은 왕소똥구리(*Scarabaeus typhon*)뿐이라 왕소똥구리에 대한 내용이라고 추측한다.

## 소똥구리를 세밀하게 표현한 조선시대 그림

조선시대 중기의 문인이자 화가인 사임당 신씨(師任堂申氏, 1504~1551)가 그린 초충도 8곡병에도 소똥구리가 등장한다. 8폭의 그림 중 하나인 '맨드라미와 쇠똥벌레'에는 똥으로 만들어진 경단을 굴리는 한 쌍의 소똥구리와 그 옆을 따라가는 다른 한 마리의 소똥구리가 담겨 있다. 이 작품의 가장 큰 특징은 소똥구리 배 부분의 좌우 상부에서 볼 수 있는 굴곡을 뛰어난 관찰력으로 표현했다는 것이다. 이는 국내에 서식하는 소똥구리류 중 소똥구리에서만 볼 수 있는 유일한 형태적 특

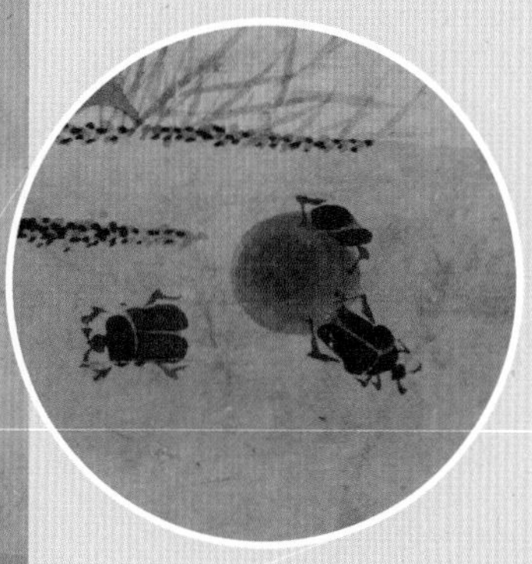
신사임당의 초충도 © 국립중앙박물관

징이기 때문에, 작가는 소똥구리를 굉장히 세밀하게 관찰했음에 틀림없다. 아울러 양반집 아낙의 일상생활 범주와 주로 집 담장 밑에 맨드라미를 심었던 것을 고려한다면, 소똥구리는 당시 집 주변에서 쉽게 볼 수 있는 곤충이었던 것으로 보인다. 이렇듯 오랜 역사 속에서 항상 우리 가까이에 있었던 소똥구리. 다시 만날 소똥구리가 미래의 문화와 역사 속에도 등장하는 날을 그려본다.

CHAPTER. 07

# 볼만한 소똥구리 자료

소똥구리는 인류 역사 속에서 신기한 곤충으로 주목받아 왔다. 자기 몸보다 한참 큰 경단을 열심히 굴리는 모습이나 땅속 깊이 묻어 추운 겨울을 나는 모습은, 한낱 미물(微物)이지만 일종의 경외감을 갖기에 충분하기 때문이다. 고대 그리스 이솝우화 속 소똥구리는 어떤가. 토끼 사냥을 멈춰달라고 애원했지만 거절한 독수리를 향해 끈질긴 복수를 펼치는 집념의 동물로 그려진다. 이렇듯 소똥구리에 대한 인류의 관심과 애정은 오늘날에도 다양하게 표현되고 있다. 책과 음악, 영상을 통해 조명된 소똥구리 이야기 중 볼만한 자료를 찾아보았다.

## PROGRAM

박정호, 이민재 연출 | SBS 제작
23분 53초 | 2021년 2월 14일 방송

물은 생명이다 - 소똥구리, 다시 한국살이를 꿈꾸다

<물은 생명이다>는 급격한 산업화, 도시화 속에서 물 자원의 중요성을 널리 알리고, 생태환경 보전 방안을 찾기 위해 SBS가 지난 2001년부터 지역민방과 공동 기획해 제작하는 사회공헌 프로그램이다. 매주 일요일 오전 6시라는 열악한 시간대에 방송되지만, 환경과 생태에 관심이 많은 시청자에게는 더없이 고마운 장수 프로그램. <물은 생명이다> 917회는 소똥구리 복원사업을 진행 중인 멸종위기종복원센터를 찾아 소똥구리 복원의 필요성과 사업 진행 상황, 향후 계획 등 다양한 내용을 풍성하게 담아냈다.

## BOOK

장 앙리 파브르 지음 | 김진일 옮김
정수일 그림 | 이원규 사진
현암사 | 2006

### 파브르 곤충기 1

곤충학의 바이블이라 불리는 『파브르 곤충기』는 너무도 유명하지만, 국내에 발간된 도서 대부분은 흥미로운 내용만 발췌한 요약본에 가깝다. 이 책은 1907년 완결된 『파브르 곤충기』의 정본을 국내 곤충학의 대가 김진일 교수의 번역과 전문 생태사진가의 생생한 사진으로 담아냈다. 총 22장으로 구성된 1권은 첫 두 장에서 진왕소똥구리(*Scarabaeus sacer*)의 경단 만들기를 다루는데, 소똥구리 사육에 필요한 먹이인 똥을 구하느라 동분서주하는 파브르의 모습은 연구자로서의 웃지 못할 고뇌를 보여준다. 소똥구리 외에도 검정금풍뎅이, 노래기벌, 코벌 등 다양한 곤충들의 신기한 생태 본능을 엿볼 수 있다. 곤충학자이자 철학자, 시인이었던 파브르가 수많은 곤충 중 소똥구리의 생태 관찰 기록을 책의 첫머리에 수록한 까닭이 무엇인지 궁금하다면 한번쯤 꼭 읽어볼 만하다.

리처드 존스 지음 | 소슬기 옮김
MID | 2017

### 버려진 것들은 어디로 가는가

어린 시절부터 40년 넘게 곤충을 연구해 온 영국의 유명 곤충학자가 쓴 똥과 똥딱정벌레 이야기. 한 덩어리의 똥이 땅에 떨어진 후 분해되고 흩어져 새로운 탄생에 기여하기까지 이른바 '똥 생태계'에서 주연을 담당하는 존재는 소똥구리를 비롯한 수많은 딱정벌레목 곤충이다. 저자는 이러한 똥딱정벌레들을 '똥장인'이라 부르며 그들의 생태계와 진화 과정을 서술한다. 더불어 환경의 숨은 영웅과도 같은 소똥구리들에게 오늘날 우리가 지나치게 무관심하다 못해, 아무렇지도 않게 구충제를 먹이고 있는 현실을 비판한다. 더럽고 지저분하다는 인식 아래 '버려진' 영양분을 놀라운 재활용 능력으로 변환시키는 곤충들의 세상은, 보이는 것에만 열중하고 소비하기 바쁜 우리 인간의 삶에 묵직한 메시지를 던져 준다.

## 세상에 나쁜 곤충은 없다

안네 스베르드루프-튀게손 지음
조은영 옮김 | 웅진지식하우스 | 2019

'곤충은 보잘 것 없고 혐오스러운 존재'라 여기는 사람들의 편견을 완벽히 깨뜨리는 책. 지구에 등장한지 고작 20만 년에 불과한 인간에 비해, 무려 4억 7,900만 년의 생존사(?)를 자랑하는 곤충은 현재 지구 생물 종의 절반 이상을 차지한다. 엄밀히 말해 지구는 곤충의 행성인 셈. 이 책은 mm 단위에서 펼쳐지는 곤충의 독특한 생활사와 놀라운 성취를 생생하게 보여준다. 농사짓는 개미, 노래로 먹이를 유인하는 베짱이, 플라스틱을 먹어 치우는 밀웜까지 120여 곤충의 99가지 신기한 이야기가 가득하다. 특히 남아프리카 영양의 배설물 냄새를 풍기는 케라토카리움 아르겐테움(*Ceratocaryum argenteum*) 씨앗을 한 치의 의심도 없이 굴려서 땅에 묻고, 제 몸무게의 50배가 넘는 경단을 굴릴 때 은하수를 이용해 방향을 찾는 소똥구리의 신비로운 이야기가 흥미로움을 더해준다.

## 소똥구리 영양사, 포

홍종의 지음 | 허구 그림
우리학교 | 2021

경마대회에서 여섯 번이나 우승을 차지했던 경주마 '포나인즈'는 훈련 중 다리가 부러지는 큰 사고를 당한다. 수술을 받았으나 더 이상 경주를 할 수 없게 된 '포'는 안락사에 처할 위기에서 벗어나 새 삶을 찾게 되는데... 국립생태원의 멸종위기종 복원사업과 부산경남경마공원의 동물복지 정책이 MOU로 이어져 실제 경주마가 소똥구리들의 먹이원인 마분을 공급하게 된 사례가 한 편의 동화로 돌아왔다. 이전에도 어린이의 눈높이에서 동물의 삶과 세상의 비정함을 풍자하는 작품을 써온 작가는 이번에도 생명의 소중함과 장애를 바라보는 시각, 보잘 것 없이 작지만 생태계에 꼭 필요한 일을 하는 소똥구리의 중요성을 이야기한다. 아이들에게 더불어 사는 세상의 중요성을 일깨우고 싶을 때 함께 읽으면 좋을 동화다.

김남길 지음 | 김남길 그림
바우솔 | 2020

### 소똥구리가 배고프대요

"소똥구리는 왜 똥을 먹어요?" "언제부터 똥을 먹었어요?" "그런데 왜 지금은 없어요?" 한번도 소똥구리를 못본 아이들이 이렇게 묻는다면, 우리는 뭐라고 답할 수 있을까? 이 책은 공룡시대부터 초식동물의 분변을 먹이로 생활해 온 소똥구리들의 이야기를 재미있는 그림과 친절한 설명으로 알려준다. 초식동물의 분변인 '풀똥'은 우선 구하기가 쉽고, 먹이 경쟁자가 적은데다, 애벌레를 키우기에도 적합했기에 수많은 소똥구리들이 먹고, 경단을 만들고, 알을 낳아왔던 것. 그러나 가축을 대량으로 가둬 키우고 항생제, 구충제, 방부제 성분이 분변에 섞이면서 더 이상 소똥구리가 우리 곁에 살 수 없게 되었다는 사실도 짚어준다. 언젠가 싱싱한 풀을 먹는 소와 그 소의 분변을 먹는 건강한 소똥구리가 돌아온다면 우리 토양과 환경도 더욱 건강해질 거라는 사실을 함께 기억해야 할 것이다.

박재용 지음 | 오승만 그림
해나무 | 2019

### 우린 모두 똥을 먹어요

남들은 더럽다고 피하는 똥을, 여러 가지 이유로 먹는 동·식물들의 이야기를 담은 책. 촉촉하고 말랑말랑해서 경단을 만들기에 적합해 초식동물의 똥만 먹는다는 소똥구리, 독성을 지닌 유칼립투스를 직접 소화할 수 없기 때문에 엄마의 똥을 먹음으로써 영양분을 보충한다는 아기 코알라 등 다양한 동물이 익살스러운 그림과 함께 나온다. 각각의 사연에는 해당 동물이 1인칭 화자로 등장해, 자기들의 이야기를 전하는 방식으로 전달력을 높였다. 마지막 화자로 등장한 장미는 지렁이가 흙을 먹고 싼 똥을 섭취함으로써 아름답고 탐스러운 꽃을 피우는데, 이렇게 자란 식물을 초식동물이 먹고, 그 초식동물을 육식동물이 먹으며 생명을 유지하니 결국 제목처럼 "우린 모두 똥을 먹어요"라고 이야기할 수 있는 것 아닐까.

## MUSIC

박윤희 작사 | 문은정 작곡
키즈멜로디 | 1분 38초 | 2019

### 데굴데굴 쇠똥구리

"쇠똥구리 신나게 달려간다 / 똥구슬 타고 길을 비켜라 / 쇠똥구리 열심히 달려간다 / 똥구슬 점점 커진다~"

만화영화 주제곡 같은 흥겨운 멜로디를 타고 신나게 똥을 굴리는 소똥구리의 모습이 유쾌하게 그려진다. 추운 겨울을 버티게 도와주는 유용한 양식이자, 아기 애벌레의 소중한 집이 되어줄 똥구슬을 데굴데굴 굴려가는 소똥구리. 커져가는 똥구슬만큼 소똥구리의 꿈도 함께 자라간다는 가사가 인상적이다. 어린 아이들도 즐겁게 따라 부를 수 있는 단순한 멜로디가 귀에 쏙쏙 꽂히는 노래.

최승호 작사 | 뮤지 작곡
유세윤 노래 | 1분 20초 | 2015

### 랩 동요집 - 쇠똥구리

"똥 좀 싸 똥 좀 싸 / 얼룩소야 똥 좀 싸 / 똥 좀 싸 똥 좀 싸 / 얼른얼른 똥 좀 싸~"

'동요는 서정적이고 착해야 한다'는 선입견에서 벗어나 새로운 음악적 시도를 해보고 싶었다는 싱어송라이터 겸 프로듀서 뮤지가 발매한 랩 동요집. 최승호 시인이 가사를 쓴 25개의 노래들은 저마다 힙합·탱고·삼바·재즈·컨트리 등 다양한 음악 장르와 결합해 전혀 새로운 동요를 탄생시켰다. 그중에서도 개그맨 유세윤이 부르는 두 번째 수록곡 '쇠똥구리'는 거침없는 반복되는 신나는 랩 비트에 소똥구리의 입장을 대변하는 재치 만점 가사가 어우러져 듣기만 해도 웃음이 난다.

## MOVIE

김진만, 김정민 감독
김성주, 김민국, 김민율 내레이션
전체 관람가 | 85분 | 2014

### 곤충왕국 3D

MBC 다큐 <아마존의 눈물>과 <남극의 눈물>로 유명한 제작진이 약 700일간 10억 원의 비용을 들여 제작한 국내 최초 곤충 다큐멘터리. 국내에 서식하는 곤충의 생태를 종별로 5~10분씩 보여주며 관객들의 시선을 붙잡는다. 성충이 되기 위해 끊임없이 나무를 올라야 하는 매미 유충, 참나무 수액을 차지하려고 혈투를 벌이는 장수풍뎅이, 자기 몸집보다 큰 경단을 굴리다가 경단과 함께 구르는 등 시련을 겪지만 무사히 보금자리에 도착하는 긴다리소똥구리까지. 제작진은 작디 작은 곤충들의 세계를 생생하게 담아내기 위해 3D 접사렌즈, 곤충의 눈 렌즈와 여덟 종류의 3D 카메라를 이용했다는데, 여기에 가족 예능으로 얼굴을 알린 아나운서 김성주와 두 아들이 영화 전체 내레이션을 맡아 친근감을 더했다.

오수헌, 이정헌 제작 | 전체 관람가
9분 | 2008

### 웨이홈

'2009 SBS 창작 애니메이션 대상'에서 문화체육부장관상을 수상한 단편 애니메이션. 똥을 발견하고 흡족한 마음으로 경단을 굴리며 집으로 향하는 어느 소똥구리 가장의 기나긴 여정을 담고 있다. '누구에게나 지키고 싶은 가족이 있고, 돌아가고 싶은 집이 있다'는 주제를 반전 사건으로 풀어내는 연출력이 돋보이는 작품. 산 넘고 물 건너 힘들게 경단을 굴리는 소똥구리의 모습에서는 이 시대 가장들의 애환이 겹쳐 보이기도 한다. 집으로 향하는 길의 초반, 의도치 않게 실수로 파리 한 마리를 밟아 죽인 사건이 어떻게 결말의 복선으로 작용하는지 흥미롭게 지켜보게 될 것이다.

CHAPTER. 08

# 소똥구리의 활용

'아낌없이 주는 나무'라는 표현을 빌리자면, 그야말로 소똥구리류는 '아낌없이 주는 곤충'이라 해도 과언이 아니다. 먹고 움직이고 알을 낳는 활동 자체가 친환경적 순환이 되어 인간에게 유익을 주는데, 예부터 소똥구리는 의약품과 식용 등으로 널리 활용되었기 때문이다. 생물자원의 중요성이 강조되는 요즘, 그 가치가 증명되어 '소똥구리 멸종을 방치하면 수천억 원을 포기하는 것과 같다'는 경고가 나올 만큼 소똥구리류는 다양하게 활용되고 있다.

### 천연 의약품으로서의 소똥구리

소똥구리류의 의약적 효능은 아주 오래전부터 주목받았다. 종이가 없던 고대 이집트 파피루스 문서에 소똥구리류 효능에 대한 기록이 있으니 말이다. 물론 소똥구리류의 생명과 건강에 대한 상징성은 종교적 숭배에서 비롯된 것이었지만, 최근 소똥구리류가 가지고 있는 성분들에 대한 과학적 연구가 이루어지면서 실제로 특정 부분에 대한 효능이 입증되기도 했으니, 마냥 종교로 인한 플라시보 효과(Placebo effect)였다고는 할 수 없다.

소똥구리류를 의약품으로 활용한 중국에서는 라오스에 서식하는 왕똥풍뎅이속(*Heliocopris*) 종이 설사와 이질에 효능이 있다고 생각했다.[1] 이들은 왕똥풍뎅이를 볶은 후 가루를 내어 사프란(Saffron)과 섞은 후 물에 타서 마셨다. 1578년 중국에서 집필된 『본초강목』에는 이를 '강랑(蜣螂)'이라고 하여 기본적으로 독성이 있는 물질이라고 소개했다.

[1] Ratcliffe, 2006

강랑에 들어가는 사프란

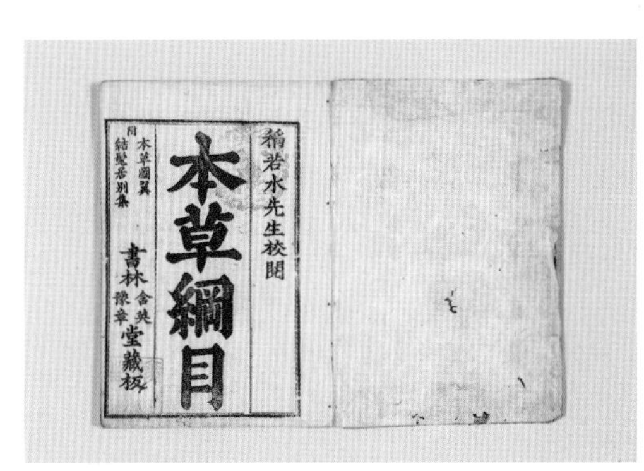

본초강목 © 국립중앙박물관

강랑은 구토, 설사, 치질, 요로결석, 장폐색증 등에 효과가 있으며, 그 외에도 항암 효과가 있는 것으로 알려져 의약품으로 활용되었다. 이때 약재로 주로 쓰인 종은 '몰로쑤스소똥구리(*Cantharsius molossus*)'로 알려져 있다.

소똥구리류의 효능에 대한 기록은 우리나라에도 남아 있다. 1610년 허준이 쓴 의학서 『동의보감(東醫寶鑑)』에 소똥구리류를 강랑(蜣蜋)이라 했으며, 여러 증상에 쓰였다고 나타나 있다. 세부적으로는 눈에 이물질이 들어갔을 경우, 대소변을 잘 보지 못할 때, 칼 등에 베인 상처가 낫지 않고 짓물러 터지거나 피부가 헐어서 곪았을 때, 아이가 기운이 없을 때 등 다양한 증상을 치료하는 약재로 쓰였다. 이때 소똥구리류는 갈아서 분말로 만들거나 끓여서 활용하는 방법을 주로 사용했다.

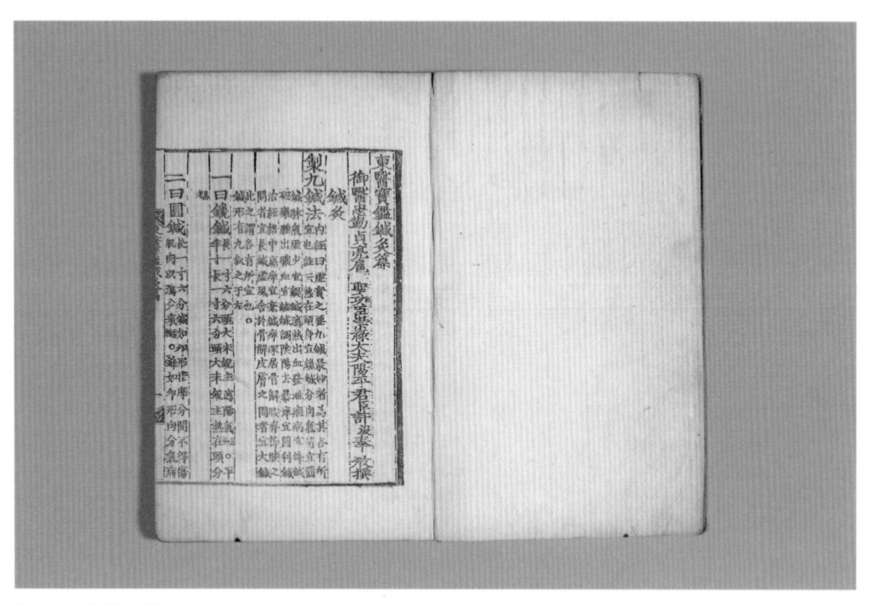
東醫寶鑑鍼灸篇
御醫忠勤貞亮扈聖功臣崇祿大夫陽平君臣許浚奉 敎撰
鍼灸
製九鍼法
一曰鑱鍼
二曰圓鍼

동의보감 © 국립중앙박물관

코프리신 성분 함유 화장품 © 농촌진흥청

## 천연항생물질로 증명된 코프리신

현대에 들어서면서 소똥구리류의 다양한 효능은 연구와 실험을 통해 검증되고 있다. 지난 2011년 국립농업과학원 연구진은 애기뿔소똥구리에서 천연항생물질인 '코프리신(CopA3)'을 발견했고, 이 물질은 염증성 장 질환을 감소시키는 효과가 있다고 밝혔다. 코프리신은 애기뿔소똥구리가 분비하는 생체방어물질로, 9개의 아미노산으로 구성돼 있다. 분식성 소똥구리류는 분변을 섭식하기 때문에 항상 유해 세균에 노출될 수 있고, 이들로부터의 감염을 막기 위한 방어기작으로 스스로 항생물질을 만들어 내는 것으로 추정된다.

이런 코프리신의 효능을 활용해 주름 개선, 기미·주근깨 완화 등의 기능성 화장품이 출시되었다. 농촌진흥청으로부터 기술을 이전받은 기업이 재생크림, 아이크림, 부스터 등 다양한 제품을 출시한 것이다. 곤충에서 추출한 항생물질은 기존 화학합성 항생제와 달리 내성균이 생기는 부작용이 없어 향후 화장품산업뿐만 아니라 항암제, 건강보조식품 등에도 적용할 수 있어 산업적 활용 가치가 높을 것으로 기대된다.

## 식품으로서의 소똥구리

소똥구리류는 의약품뿐만 아니라 식용으로도 섭취했다. 이집트 베두인족은 '*Scarabaeus sacer*(진왕소똥구리, 우리나라에 서식하는 왕소똥구리와 같은 속의 종)'의 성충을 소금과 곁들여 구워 먹는 풍습을 가지고 있었다. 동남아시아의 많은 지역에서도 소똥구리류의 유충, 번데기, 성충을 모두 식품으로 먹는다. 1932년 브리스타우(Bristowe)에 의하면 태국 사람들은 여러 종의 소똥구리류를 섭취하는데, 특히 뿔소똥구리와 소똥풍뎅이 종류를 먹었다고 한다. 지금도 태국의 노천시장에서는 태국어로 '맹바오약'이라 불리는, 유충이 든 소똥구리 경단을 판매한다. 이 당구공 만한 경단은 라오스에서도 판매되는데, 정력에 좋다고 알려져 주로 남자들이 먹는다고 한다. 또 라오스에서는 소똥구리류를 잡아 먹기 위해 밤에 환한 불빛을 켜놓고 유인하여 채집하는데, 잡은 소똥구리류는 딱딱한 겉날개와 속날개를 제거한 후 굽거나 튀겨 먹는다.

라오스에서 판매하는 소똥구리 경단과 소똥구리

소와 버팔로의 분변에서 발견되는 소똥구리류인 Oryctes속 딱정벌레종의 유충과 성충은 맛이 좋아 많은 사람들이 선호하기 때문에 상대적으로 비싼 가격에 거래가 이루어진다. 이들 역시 딱딱한 껍질 부분은 제거한 후 굽거나 튀겨서 먹으며, 때때로 유충과 번데기는 코코넛 우유에 담근 후 굽거나 카레에 넣어서 먹는다고 한다. 특히 버마의 샨 지역에서는 '*Heliocopris bucephalus*'가 진미로 간주되어 수출되기도 한다.

이렇게 소똥구리류는 고대부터 지금까지 다양하게 활용되면서 인간에게 친숙하고 유익한 존재였다. 앞으로 소똥구리를 '단지 더러운 곳에 살면서 똥을 굴리고 다니는 곤충'이 아니라, 우리와 공존할 곤충으로 인식하면서 복원·보전 연구에 임해야 할 것이다.

CHAPTER. 09

# 이슈 & 뉴스

소똥구리류 중 소똥구리는 표본 기록상 마지막으로 서식이 확인된 게 1971년이다. 이제는 거의 반세기 가까운 시간이 흐른 건데, 오랫동안 우리는 소똥구리의 부재에 무관심했다. 마치 늘 곁에 있을 줄 알았던 친구가 떠나버렸는데, 내 삶이 바빠 깨닫지 못하다가 뒤늦게 후회하는 모습 같달까. 지난 30년간 소똥구리류와 관련된 이슈와 뉴스를 찾아 보았다. 그러나 우리가 다시금 소똥구리에 관심을 기울인 것은 고작 최근 10년에 불과하다는 사실을 새삼 알게 되었다.

※ 본문 내용은 해당 일자의 기사 내용을 참고하여 작성한 2차 저작물입니다.

1993년 1월 14일자 연합뉴스

**왕소똥구리와 소똥구리, 특정야생동식물 추가 지정**

환경처에서 멸종위기에 처한 87종의 동·식물을 특정야생동식물로 추가 지정했다. 특정야생동식물은 불법 포획, 채취할 경우 1년 이하의 징역 혹은 3백만 원 이하의 벌금이 부과된다. 이로써 특정야생동식물은 기존 92종에서 179종으로 늘어났으며, 신규 지정된 특정야생동식물 중 곤충류는 총 10종인데, 왕소똥구리와 소똥구리, 수염풍뎅이, 주홍길앞잡이, 큰조롱박먼지벌레, 소나무비단벌레, 왕오색나비, 왕은점표범나비, 왕나비, 청띠나비다.

2004년 7월 8일자 경향신문

**전남 장흥군, '쇠똥구리 마을' 특허 출원**

전남 장흥군은 애기뿔쇠똥구리 서식처가 발견된 용산면 운주리 일대를 '친환경 농촌 쇠똥구리 마을'로 지정하고, 해당 명칭을 특허 출원했다. 또 여름에는 '장흥 쇠똥구리 체험 축제'를 열어 장흥을 친환경 농산물 생산지로 홍보할 예정이다.

쇠똥구리 마을 © (사)전국농업기술자협회

2005년 10월 5일자 국정브리핑

### '애기뿔소똥구리' 인공 증식 및 서식지 복원 시동

환경부가 강원도 횡성군에 위치한 '홀로세생태보존연구소'를 곤충 분야 최초 서식지외보전기관으로 지정했다. 이로써 멸종위기Ⅱ급 애기뿔소똥구리의 인공 증식 및 강원도 내 서식지 복원사업에 환경부의 예산 지원이 이루어지게 되었다.

홀로세생태보존연구소 전경 © 홀로세생태보존연구소

2011년 10월 23일자 연합뉴스

### 애기뿔소똥구리서 분리한 코프리신, 대장 염증에 특효

농촌진흥청과 대진대학교가 공동 수행한 연구 논문을 통해 애기뿔소똥구리에서 분리한 '코프리신'이 급성 위막성 대장 염증을 감소시키는 것으로 밝혀졌다. 코프리신은 애기뿔소똥구리에서 분리한 43개의 아미노산으로 구성된 곤충 생체 방어 물질로, 농작물 및 인체 유해균에 우수한 항생 효과를 보이는 것으로 알려졌다. 농진청은 코프리신 연구개발과 관련해 특허를 출원하고 설명회를 통해 기술 이전에 나설 계획이다.

애기뿔소똥구리 © 임현명

2013년 1월 25일자 경향신문

### 은하수 보고 길 찾는 쇠똥구리

야행성인 쇠똥구리가 칠흑같이 어두운 밤에도 무사히 경단을 집으로 옮길 수 있는 까닭은 은하수 때문임이 밝혀졌다. 남아프리카공화국과 스웨덴 룬드대 연구진은 밤하늘을 투영한 실험실에서 쇠똥구리의 행동을 관찰한 결과, 은하수의 뿌연 빛만 있어도 쇠똥구리들이 길을 잘 찾는 것을 확인했다. 그동안 사람, 새, 물개 등이 별을 보고 방향을 찾는 것으로 알려졌으나 곤충의 행동이 확인된 것은 처음이다. 연구진은 "겹눈을 가진 쇠똥구리가 하늘의 가장 밝은 별들을 볼 수 있는 것으로 추정된다"고 이야기했다.

2013년 6월 11일자 연합뉴스

### 긴다리소똥구리, 20년여 만에 강원 영월서 발견

1990년 강원도 철원, 양구에서 발견된 후 최근까지 분포가 확인되지 않던 긴다리소똥구리의 서식이 확인되었다. 국립생물자원관은 '확증표본 확보사업'을 통해 강원도 영월에 서식하는 긴다리소똥구리 두 마리를 발견했다고 밝혔다. 긴다리소똥구리는 뒷다리 발목마디가 매우 가늘고 길며, 성체는 둥근 알 모양에 광택이 없는 검은색을 띠는 특징을 갖고 있다.

긴다리소똥구리 © 국립생물자원관

2013년 7월 31일자 한겨레

### 쇠똥구리의 경단은 '이동식 에어컨'

한낮 지면의 온도가 60도를 넘어가는 아프리카 사바나에서, 변온동물인 쇠똥구리가 죽지 않고 무사히 경단을 굴리는 것은 경단이 쇠똥구리의 체온을 떨어뜨리기 때문인 것으로 밝혀졌다. 스웨덴 룬드대 동물학자는 현장 실험과 관찰을 통해 지면 온도가 높아질수록 자주 경단에 올라가 체온을 식히는 쇠똥구리를 발견하였다. 경단은 지름 3~4㎝에 불과하지만 소똥구리의 입장에서는 지면보다 고도가 높아 공기가 잘 흐르며, 경단이 지닌 습기의 증발열이 주변보다 훨씬 낮은 온도를 유지하게 해주는 것이라고 한다.

2013년 12월 22일자 연합뉴스

### 코프리신을 함유한 화장품 개발

농촌진흥청은 애기뿔소똥구리에서 분리된 항생물질 '코프리신'을 이용한 화장품 3종이 개발되었다고 밝혔다. 코프리신은 인체에 유해한 구강균, 피부포도상균, 여드름 원인균에 강한 항균 효과를 나타내는데, 이를 활용해 리페어 크림, 에센셜 토닉, 아쿠아 미스트의 화장품을 최초 개발하여 산업체에 기술 이전하게 된 것이다.

2014년 2월 19일자 노컷뉴스

### 소똥구리, 복원 대상 멸종위기종으로 선정

환경부가 소똥구리, 상제나비, 저어새, 검은머리갈매기, 두드럭조개, 선제비꽃, 산작약 7종을 멸종위기종 중 우선 복원대상으로 선정하고, 관련 사업에 착수하기로 했다. 이에 따라 1970년대 이후 서식 확인이 안 되는 멸종위기Ⅱ급 소똥구리는, 우선 번식시킬 수 있는 원종 확보에 나설 계획이다.

복원대상 멸종위기종 © 환경부

2015년 11월 25일자 정책브리핑

### 새 이름 찾은 작은눈왕소똥구리

농촌진흥청은 곤충자원 DNA 바코드 분석 연구를 통해 왕소똥구리의 새로운 분류학적 사실을 밝히고 학명 오류를 바로잡았다. 영월곤충박물관과 국립중앙과학관이 왕소똥구리의 표본을 수집해 분석한 결과, 염기서열에서 4.5%~7.2% 차이가 나는 또 다른 종이 국내에 분포했음을 확인한 것. 이에 따라 기존 왕소똥구리(*Scarabaeus typhon*)와 생김새가 매우 비슷하지만 다른 종으로 밝혀진 '*Scarabaeus pius*'에게 '작은눈왕소똥구리'라는 이름을 붙이고 학계에 보고하기로 했다.

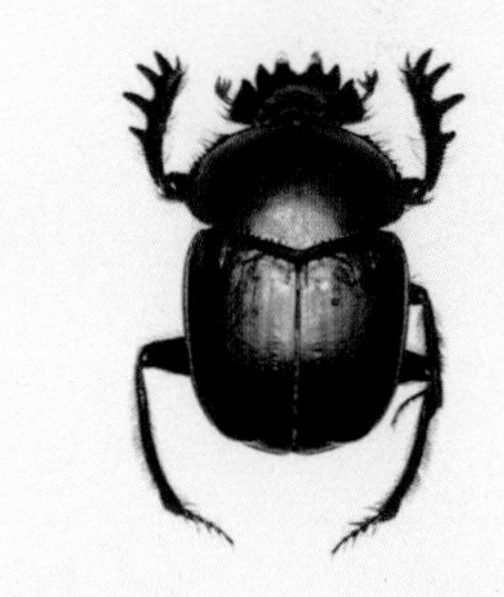

2017년 12월 6일자 경향신문

### 환경부, 소똥구리 관련 이색 입찰공고

환경부가 "몽골에서 소똥구리 50마리를 가져올 업체를 구한다"는 입찰공고를 냈다. 계약 기간은 10개월, 구매 금액 총 5천만 원. 2018년 문을 여는 멸종위기종복원센터에서 소똥구리 복원 연구에 착수하기 위해서는 원종 확보가 필요한데, 외국에서 생물종을 들여오기까지는 여러 복잡한 절차를 거쳐야 하기 때문이다. 낙찰된 업체는 몽골 정부로부터 채집·반출허가를 받고 한국 정부의 엄격한 검역을 통과한 뒤에도, 추진단에 넘겨진 소똥구리가 한 달 이상 살아있어야 계약 금액을 지급받을 수 있다.

2018년 11월 11일자 서울신문

**이집트 고대 무덤에서 쇠똥구리 미라 무더기 발굴**

이집트 카이로 고대 무덤에서 애기뿔쇠똥구리 미라가 무더기로 발견되었다. BBC는 고대 이집트 수도였던 멤피스 주민들이 약 4천 년 전에 묻힌 것으로 추정되는 무덤에서 쇠똥구리와 고양이 미라가 발견되었으며, 이는 동물들이 사후 세계에서 주어진 역할이 있다는 믿음으로 주인과 함께 부장된 것으로 보인다고 밝혔다.

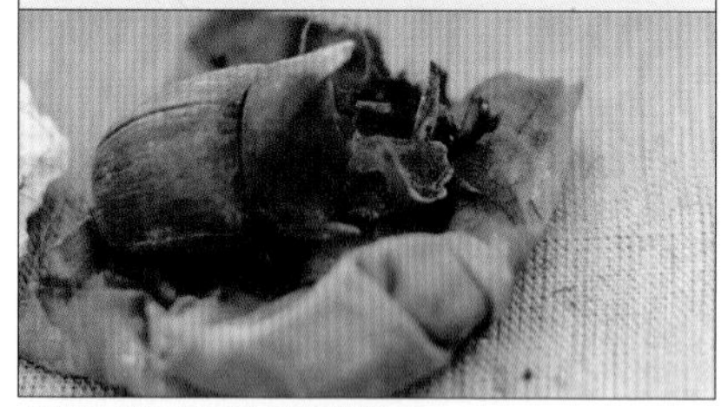

쇠똥구리 미라 © 사카라 로이터 연합뉴스

2019년 8월 11일자 연합뉴스

**멸종위기종 소똥구리, 몽골에서 200마리 도입**

환경부가 멸종위기에 처한 소똥구리를 복원하기 위해 몽골에서 200마리의 소똥구리를 도입했다. 소똥구리들은 유전적 다양성을 고려해 몽골 동고비에서 103마리, 남고비에서 97마리를 들여왔으며, 현재 국립생태원 멸종위기종복원센터에서 증식 연구에 들어간 상태다.

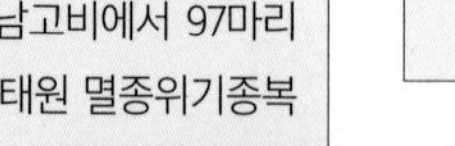

2019년 9월 5일자 연합뉴스

**국내 서식 중인 애기뿔소똥구리, 유전적 건강도 '양호'**

국립생물자원관과 전남대 응용생물학과 연구진은 2016년부터 영광, 여수, 제주, 횡성, 서산, 옹진에서 확보한 67마리의 애기뿔소똥구리를 대상으로 유전자 다양성을 비교 분석하였다. 그 결과, 국내 애기뿔소똥구리의 유전자 다양성이 높아 유전적 건강도가 양호하다고 밝혔다. 이에 따라 소규모 집단에서 일어나는 근친교배나 유전적 동질화로 인한 문제점은 적을 것으로 전망했으며, 이러한 연구 결과는 멸종위기종 우선 보전지역 설정이나 종 복원 등에 활용될 것으로 기대했다.

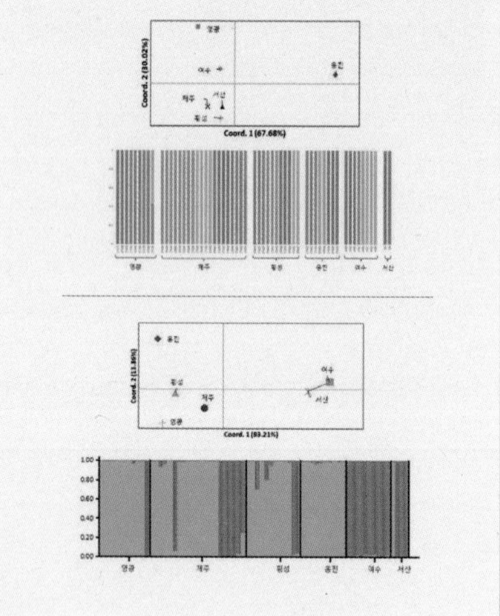

2020년 10월 7일자 연합뉴스

**태안군 신두리 해안사구에 쇠똥구리 복원용 한우 방목**

충남 태안군은 국내 최대 규모의 해안사구인 신두리에 한우 두 마리를 방목해 멸종위기인 쇠똥구리 복원을 추진하고 있다. 방목된 한우에게는 풀을 뜯어먹게 하고, 기생충 약이나 방부제가 섞이지 않은 유기농 사료를 먹인다. 방목 한우 한 마리당 하루 최대 17㎏의 먹이가 필요한 만큼 갯그령과 산조풀, 갯쇠보리 등의 번식에도 힘쓰고 있다. 태안군은 추후 방목 한우를 늘리고 분식성 곤충을 집중 모니터링함과 동시에 한우 배설물의 안정성 실험, 뿔쇠똥구리를 이용한 복원 사전 실험 등도 진행할 계획이다.

방목 한우 © 태안군청

2020년 11월 18일자 오마이뉴스

**퇴역 경주마, 소똥구리의 먹이원으로 활용**

한국마사회 부산경남지역본부가 퇴역 경주마 '포나인즈'를 국립생태원 멸종위기종복원센터에 기증함으로써, 멸종위기종 소똥구리의 새로운 먹이원이 확보되었다. 그동안 화학성분에 노출되지 않은 제주도의 말 분변을 소똥구리의 먹이로 공수해 온 멸종위기종복원센터는 거리상의 문제 및 운송료 고민을 한 번에 덜게 됐다. 이번 퇴역 경주마 기증은 생물다양성 연구와 동물복지 증진의 성과를 동시에 이룬, 바람직한 사례가 될 것으로 보인다.

2021년 8월 11일자 조선일보

**도심 빛 공해에 밤길 잃은 소똥구리**

야행성 소똥구리가 은하수로 길을 찾는다는 사실을 밝혀낸 남아프리카공화국 비타바테르스란트대와 스웨덴 룬드대 공동 연구진이 소똥구리가 도시의 환한 조명 때문에 길을 잃고 있다고 밝혔다. 연구진은 남아공 수도 vs. 시골의 건물 지붕에서 소똥구리 이동 형태를 비교한 결과, 시골 소똥구리는 소똥에서 경단을 빚고 나면 경쟁을 피해 각자 다른 방향으로 이동한 반면 도심 소똥구리는 가로등이나 주변 건물의 불빛에 모여 경쟁함으로써 불필요한 에너지를 소모했다고 주장했다. 또 주변에 높은 벽이 있어 아예 인공 조명이나 별빛을 볼 수 없을 경우, 소똥구리는 방향을 잃고 헤맸다고 덧붙였다.

Nature's scavenger , Dung Beetle

자연의청소부, 소똥구리

# section. 3

# 소똥구리 다시 만나기

CHAPTER. 10

# 실종의 재구성

2017년 11월, 환경부가 올린 독특한 입찰 공고 하나가 화제가 됐다. 계약일로부터 10개월 내에 건강한 소똥구리 50마리를 구해오면 5천만 원을 준다는 내용이었다. 국내에서는 이미 '지역절멸(RE)'로 판정받은 종을 복원하기 위해, 해외에서 유전자가 같은 소똥구리를 들여올 업체를 찾기 위함이었다. 그러나 단가에 적힌 100만 원이라는 금액 때문에, "엄지 손톱만한 벌레 하나가 무슨 100만 원씩 하느냐"며 오해하는 사람들이 많았다. "우리 동네에 아직 소똥구리가 있다"는 제보 전화도 속출했다. 물론 대부분은 보라금풍뎅이 등 유사종으로 밝혀졌지만...

그런데 이 입찰 공고를 통해 많은 사람들이 소똥구리가 더 이상 우리 곁에 없다는 사실을 알게 되었다. 특히 어린 시절을 시골에서 보낸 중장년층에게 그 많던 소똥구리가 한 마리도 없다는 사실은 적잖은 충격이었다. 그렇다면 소똥구리는 왜 사라진 걸까? 무엇이 소똥구리를 사라지게 한 것일까? 연구자들은 대부분 다음의 세 가지 요인을 소똥구리 실종 사건의 주범으로 지목한다.

# 급구

| 이름 | 소똥구리 |
|---|---|
| 몸값 | 50마리, 5,000만 원 |
| 특징 | 소똥을 데굴데굴 굴리는 습성 |
| 주의 사항 | 허가없이 반입 땐 과태료 |

## #1. 공장식 축산

소똥구리 실종에 가장 큰 역할(?)을 한 것으로 추정되는 유력 용의자다. 소에게 쟁기를 씌워 밭을 갈고, 소달구지나 우마차를 교통수단으로 이용하던 시절에는 어디서나 풀을 뜯고 움직이는 소를 볼 수 있었다. 그런 소들이 길이나 논둑에 배설한 소똥은 많은 소똥구리들의 풍부한 먹이원이었다. 하지만 농촌에 농기계가 도입되고 사람들의 육류 소비량이 늘면서, 대부분의 소들은 좁은 축사에 갇혀 사료를 먹으며 몸집을 키워야 했다. 당연히 소똥은 축사 한 켠에 쌓여 버려졌고, 사료 속 각종 첨가제로 범벅된 소똥은 더 이상 소똥구리의 먹이가 되지 못했다.

## #2. 농약, 항생제, 구충제

우리나라의 농약 및 화학 비료 사용량은 1970년대 중반 급격하게 증가하기 시작했다. 살포된 제초제나 살충제는 비가 오면 하천과 토양으로 흘러들어 가는데, 이는 땅속에 굴을 파서 생활하는 소똥구리에게 치명적 영향을 끼쳤을 가능성이 높다. 또 소의 건강을 위해 정기적으로 투여하기 시작한 항생제, 더러는 사람의 배설물에도 모여들던 소똥구리가 전국적으로 시행된 구충제 복용 장려 시기와 비슷하게 사라진 사실 또한 우연이 아닐 것이다.

## #3. 개활지 감소

소똥구리는 초목이 너무 무성하지 않고, 모래 토양이 있는 환경을 좋아한다. 경단을 굴리고, 땅을 파서 묻기에 적합하기 때문이다. 예전에도 소똥구리는 주로 하천변의 너른 땅에서 많이 발견되곤 했다. 그런데 요즘은 오염되지 않은 개활지를 찾기가 어렵다. 도심의 하천 주변은 대부분 공원으로 조성되고, 농촌은 1970년대 이후 추진된 새마을운동 근대화 사업으로 논과 밭을 제외한 목초지, 개활지가 사라졌다. 결국 사람으로 치면 살아갈 집과 먹을 양식이 없는데다 서식 환경마저 나빠진 셈이니, 소똥구리가 실종된 건 어쩌면 당연한 수순 아닐까.

CHAPTER. 11

# 세계가 주목하는 소똥구리

● 자연과 인간이 공존하는 건강한 세상을 꿈꾸는 이들이 점점 늘고 있다. 이상 기온으로 인한 자연재해, 코로나19 바이러스로 인한 팬데믹까지 경험하면서 '친환경'을 위해서라면 불편함을 감수하겠다는 이들도 많아지고 있다. 동시에 '인공 사육'과 '대량 생산'의 부작용에 대한 우려가 증가하면서, 세계 각국은 자연스럽게 사라져가는 소똥구리류의 활용에 대해 큰 관심을 보이는 상황이다.

## 호주 목축업의 일등 공신 소똥구리

우리나라보다 한참 앞서 소똥구리를 인위적으로 번식시킨 나라가 바로 호주이다. 호주가 영국의 식민지배를 받던 시절, 선교사들이 데려갔던 소들은 1960년에 이르러 큰 문제가 됐다. 소의 배설물이 쌓여 심한 악취를 풍기는 것은 물론, 땅에 달라붙어 딱딱한 돌처럼 변해 풀이 자랄 수 없는 환경이 된 것이다. 소 한 마리가 1년간 배설하는 똥은 약 9톤(마른 똥 기준), 테니스장 다섯 개 면적을 채울 수 있는 양이니 당시 100만 마리가 넘는 소들의 어마어마한 배설물을 치운다는 것은 불가능에 가까웠다.

호주 정부는 문제 해결을 위한 연구 끝에 소똥구리류에서 해결의 실마리를 찾았다. 영국에서는 소똥구리가 소의 배설물을 먹이원으로 삼기 때문에 자연적으로 문제가 해결되었다는 사실에서 착안한 것이다. 물론 호주에도 당시 250여 종이 넘는 소똥구리가 있었다. 하지만 호주의 소똥구리들은 캥거루 똥처럼 작고 건조한 분변을 먹었기 때문에, 소똥처럼 습기가 많고 큰 배설물의 제거에는 효과가 없었다.

호주 정부와 관련자들은 수많은 소똥구리류 종들을 관찰하고 선별한 결과 아프리카산 소똥구리류가 호주의 초원에 적합하다는 것을 알아내, 남아프리카공화국에서 들여온 43종 170만 마리의 소똥구리류를 황무지에 풀어놓았다. 야생동물 보호구역에 '코끼리 똥을 밟고 운전하지 말라'는 표지판까지 설치하여 보호하는 남아프리카공화국의 소똥구리류는 코끼리 똥까지 해치울 정도로 분해 능력이 뛰어나다. 결과적으로 이 프로젝트는 대성공, 소의 배설물은 점점 사라지고 파리 떼도 현격히 줄어들면서 호주는 지금까지도 가축 배설물 처리에 소똥구리류를 활용하고 있다.

이처럼 가축의 건강과 생산성에 긍정적인 영향을 주는 소똥구리류에 주목한 호주축산공사는 '소똥구리 생태계 엔지니어 프로젝트(Dung Beetle Ecosystem Engineers, DBEE)'를 운영하고 있다. 지역과 계절별로 만나볼 수 있는 다양한 소똥구리류를 소개하고, 생산자들이 목장에 알맞은 소똥구리 종을 효율적으로 사용할 수 있도록 돕는다. 또한 모바일 애플리케이션과 홈페이지를 통해 연구 결과와 관련 기사를 제공해 많은 생산자가 소똥구리류에 관심을 갖고 활용할 수 있도록 노력하고 있다.

또한 호주 연방과학산업연구기구(Commonwealth Scientific and Industrial Research Organization, CSIRO)[1]는 소똥구리류의 친환경적 활용을 추진 중이다. 호주 테즈매니아 섬에서는 소똥구리가 환경에 미치는 긍정적인 효과를 연구하고, 퀸즐랜드 지역에서는 소똥구리의 분포와 밀도를 조사한다. 아울러 친환경 목장을 유지하면서 생산성을 증대할 수 있도록 소똥구리류의 관리 방법을 1,000여 명의 목장주를 대상으로

[1] 식육 및 축산물 판매 촉진을 위한 마케팅과 서비스 증대를 위해 1998년 설립된 호주 축산업계 생산자 단체

호주 테즈매니아섬

교육했다. 이 외에도 호주는 토양 환경 개선, 기생충 발병 감소, 하천 오염 방지를 위한 소똥구리류 활용 방안 마련을 추진하고 있다.

## 소똥구리류를 상업화한 뉴질랜드

드넓은 초지와 가축이 사람보다 많기로 유명한 뉴질랜드. 목축업에 있어 소똥구리류의 중요성에 주목한 또 다른 나라가 바로 뉴질랜드이다. 2009년 소똥구리류를 도입하여 2014년부터 사업에 착수, 현재는 농민들을 대상으로 소똥구리류를 판매하고 있을 정도다. 숀 포기 박사(Dr. Shaun Forgie)와 앤드류 바버(Andrew Barber)가 창립한 '소똥구리 혁신 사업(Dung beetle innovations)' 은 소똥구리류 상업화를 위해 11종을 개발했고, 그중 6종의 증식기술을 성공적으로 개발하여 판매하는 것이며, 200군데 서식지에(2018년 기준) 소똥구리류를 방사하여 지속적으로 연구를 진행하고 있다.

뉴질랜드의 소똥구리류 온라인 판매 사이트 dungbeetles.co.nz

1978년 문을 연 뉴질랜드 최초의 유기농 농장 쉘리비치팜(Shellybeach Farm)에서도 소똥구리류는 활발하게 이용된다. 풀이 잘 자라도록 소똥구리류가 분해한 거름과 생선 농축액을 잘 섞어 목초지에 뿌리는 유기농법으로 이루어지고 있는 것. 이곳에서는 농장 유지비를 제외한 모든 수익을 유기농업 교육비로 사용하는데, 주로 소똥구리류의 기능과 필요성, 사육기술 등의 내용을 교육한다. 지금까지 일본과 독일 등 전 세계 15개국 200여 명의 젊은이들이 농장에 머물며 유기농법을 배웠다. 이 농장에 와서 교육 받기를 원하는 사람은 농장 홈페이지에 자신이 유기농업에 얼마나 관심이 있고 연구 중인 농업 분야가 무엇인지 자료를 올려놓으면, 자리가 생겼을 때 무료로 농장에서 지내며 교육받을 수 있다.

### 소똥구리류 분포 지도를 제작한 영국

런던동물원에 소똥구리가 경단을 굴리고 있는 조형물이 있을 정도로 소똥구리류의 생태적·경제적 가치와 복원의 중요성에 관심을 갖는 영국에서는 소똥구리류 분포 지도가 제작되었다. 이는 영국 내 소똥구

Wendy Taylor의 쇠똥구리 조형물 © ZSL 런던동물원 홈페이지

리류의 심각한 감소에 문제의식을 가진 연구자들이 진행한 것으로, 이들은 설문조사 결과 농업인들과 사육사들은 소똥구리류 보존을 강력하게 원하고 있다고 밝혔다. 앞으로 소똥구리류의 생태, 식별, 보존, 개체 수 등의 데이터를 더욱 확충할 예정이며, 해당 자료는 웹사이트(https://dungbeetlemap.wordpress.com)를 통해 이용할 수 있다.

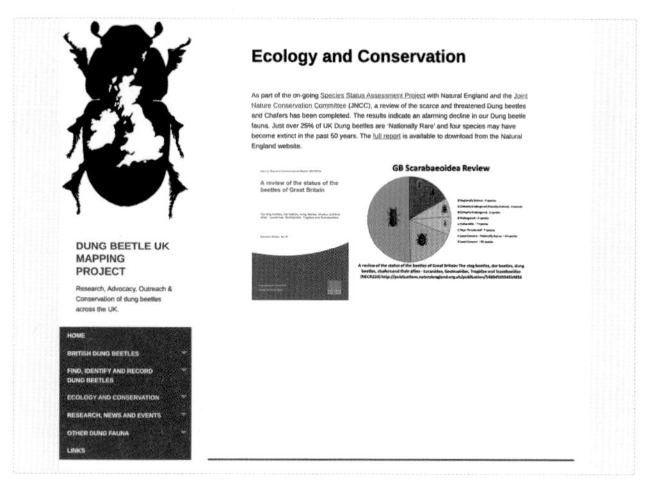


영국 소똥구리 분포 지도 홈페이지 © Dung beetle UK Mapping Project

CHAPTER. 12

# 몽골 출장기

식물 복원에 종자가 필요하듯, 소똥구리 복원에 무엇보다 필요한 것은 바로 소똥구리 개체이다. 특히 우리나라에서 절멸된 종과 유전적으로 가장 유사하면서 우리나라 서식 환경에 잘 적응할 수 있는 종이 꼭 필요한데, 여러 사항을 검토해 본 결과 몽골의 소똥구리가 가장 부합한 종으로 판명되었다. 유럽과 중국, 몽골과 우리나라의 소똥구리는 유전적으로 유사하며, 외부 형태를 비교한 결과 모두 지역적 특성이나 변이가 발견되지 않았기 때문이다. 그래서 연구팀은 복원의 첫걸음으로 직접 소똥구리 개체를 구하기 위해 약 4시간 비행기를 타고 몽골로 날아갔다. 몽골의 광활한 자연 속에서 건강한 소똥구리 개체를 채집하고 국내 반입을 위해 꼼꼼히 검수해야만 했던 순간까지, 몽골 출장의 타임 라인을 따라가 본다.

일시 : 2019년 6월 29일 ~ 7월 1일(2박 3일)
장소 : 몽골 울란바토르(Ulaanbaatar) 및 이하 남동 지역
참여 인원 : 국립생태원 멸종위기종복원센터 김홍근 선임 연구원, 최예진 계장
고려대학교 강지현 연구교수, 임창섭 연구원 외 촬영팀

2019년 6월 5일

몽골로 소똥구리를 찾으러 가기 전, 배연재 고려대학교 교수, 장금희 팀장, 김홍근 선임 연구원은 소똥구리 개체의 성공적인 반입을 위한 사전회의를 가졌다. 이제 연구가 본격적으로 시작된다는 긴장과 책임감으로 출장 일정을 확정하고, 준비 사항을 체크하는 시간이었다.

2019년 6월 19일

몽골에서 소똥구리를 채집해오면 경북 영양에 위치한 국립생태원 멸종위기종복원센터 내에서 사육과 증식을 해야 한다. 때문에 출장 전 소똥구리 사육시설 준비는 필수! 조명과 케이지, 온·습도를 조절할 수 있는 장비 등 필요한 물품들을 꼼꼼하게 준비하니 마음이 든든하다.

## 1 DAY_ 2019년 6월 29일

드디어 몽골의 수도 울란바토르(Ulaanbaatar)에 도착한 첫째 날. 낯선 타국의 풍경에 적응할 겨를도 없이 우리는 다시 소똥구리가 서식하는 남동 지역을 향하여 출발했다. 주요 도로를 달렸지만, 교통이 발달한 우리나라와는 달리 군데군데 비포장 도로를 거친 뒤에야 시내를 벗어날 수 있었다.

드넓은 몽골의 평원을 차로 달리다가 소똥구리가 서식할 수 있는 환경의 지역을 만나면, 차에서 내려 확인하기를 수차례. 특히 평원에서 방목하는 말의 무리만 보면 차를 멈추고 말의 분변부터 먼저 확인했다.

❸

다양한 분식성 곤충들이 완전히 분해한 말의 분변을 확인했다. 이 분변은 짧은 풀잎들이 넓게 흩어져있고, 핀셋으로 헤집는 중에 바람이 불면 흩날릴 정도로 가벼운 상태였다. 요즘 우리나라에서 쉽게 볼 수 없는 상태의 분변을 살펴보았지만, 주인공인 소똥구리는 만나지 못해 아쉬움이 컸다.

❹

계속해서 울란바토르 남쪽으로 이동, 군데군데 비가 내리는 지역도 지나며 소똥구리를 탐색했지만, 흔적만 있을 뿐 소똥구리는 한 마리도 확인하지 못했다. 우리가 도착하기 전 큰비가 내려 습도가 높아진 탓에 곤충들의 활동이 활발하지 않은 것으로 추측되었다. 해는 점점 저물어 결국 자동차로 약 6시간 거리에 있는 샤인샨드(Sainshand)로 이동 후 숙박하며 내일을 준비하기로 했다.

## 2 DAY_ 2019년 6월 30일

둘째 날 아침. 어제와 비슷한 탐색 과정을 반복하던 중, 드디어 말의 분변 속에서 소똥구리 무리를 만났다. 소똥구리들은 인기척이 느껴지면 분변에서 나와 날아갔다. 전부 날아가 버릴 수도 있으니 최대한 조심조심 다가가 목표한 개체를 확보했다.

마치 보물을 발견하듯 소똥구리를 채집해 통에 넣고, 채집 정보를 기록하는 라벨링 작업을 계속했다. 동행한 촬영팀은 실제 채집 활동을 가감없이 기록하는 영상을 찍었다. 이 영상은 향후 소똥구리 복원 연구에 다양하게 활용될 예정이다.

소똥구리 채집을 위해 먼 길을 달리는 동안 이동에 도움을 주신 몽골국립대학교 바야르톡토크(Bayartogtokh) 교수님 가족. 마지막 채집을 마친 뒤, 연구팀과 교수님 가족들은 몽골 평원에서 함께 보낸 시간을 사진으로 남겼다.

## 3 DAY_ 2019년 7월 1일

①

소똥구리를 비행기 수화물로 운반하려면 여러 준비가 필요하다. 먼저 한국 검역 통과를 위해 바야르톡토크 교수님 연구실에서 붓과 핀셋으로 소똥구리 몸에 붙어있는 이물질과 다른 곤충들을 제거했다. 한 마리씩 꼼꼼하게 확인한 후 재확인까지 마쳤다. 다음으로는 소독한 톱밥과 밀폐용기를 활용하여 운반통을 만들고, 각 통에 10개체 이내의 소똥구리를 넣었다. 마지막으로 총 10개의 운반통을 운반용 박스에 넣으니 준비 완료!

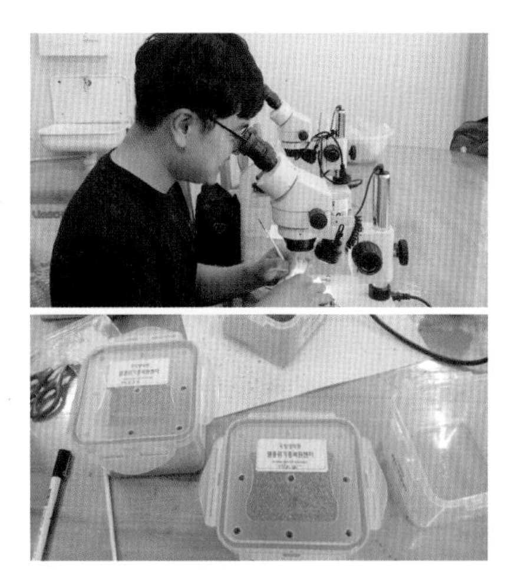

③

다시 몽골의 초원을 차로 이동하면서 휴게소 역할을 하는 길가 식당에서 저녁 식사를 했다. 소·양·닭고기로 만든 육류 중심의 식사였는데, 몽골 사람들 대부분이 가축을 방목해서인지 음식에서 야생의 냄새가 느껴진달까? 익숙한 음식은 아니었지만 색다른 경험이라 생각하며 열심히 먹었다.

②

소똥구리를 필요한 개체수 만큼 확보하고 운반 준비까지 마친 뒤 가진 잠깐의 여유 시간. 공항으로 가기 전, 울란바토르 중심가에서 연구팀과 영상팀은 함께 기념사진을 남겼다. 소똥구리 복원 프로젝트가 아니었다면 쉽게 오지 못했을 이곳, 넓은 평원과 하늘이 인상적이던 몽골에서 이제 일정을 마무리하고 돌아간다 생각하니 조금은 불편한 환경이었음에도 아쉬운 마음이 들었다.

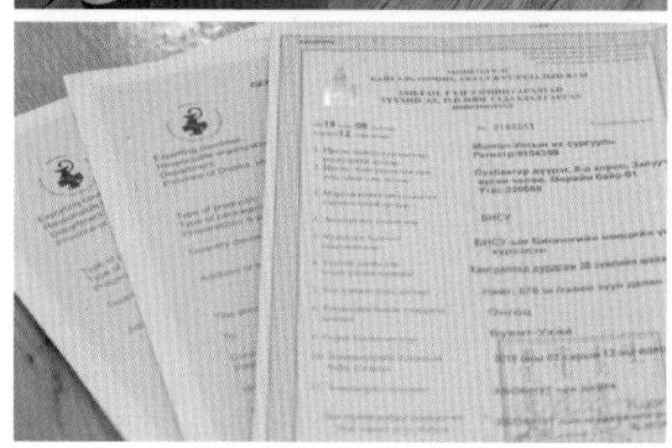

몽골 공항에 도착한 뒤 검역을 위해 소똥구리 운반용 박스는 열쇠로 잠그고 스티커를 이용하여 밀봉했다. 해외에서 살아있는 생물을 들여오려면 국내 생태계 보호를 위해 철저한 검역 절차를 준수해야 하기 때문이다. 또 몽골 정부의 채집 허가 서류, 전염병 확인을 위한 서류 등 소똥구리 반출을 위한 서류까지 모두 확인을 마쳤다.

## 2019년 7월 2일

①

몽골에서 확보한 소똥구리들이 드디어 경북 영양의 국립생태원 멸종위기종복원센터에 도착. 가장 먼저 농림축산검역본부 검역관들이 검역 절차를 준수했는지 확인하며, 소똥구리를 확인했다.

몽골에서 채집한 소똥구리를 사전에 준비해 둔 사육시설에 이주시켰다. 선행연구를 참고해 소똥구리들이 잘 살아갈 수 있도록 온·습도와 조명을 꼼꼼히 조절하면서 부디 소똥구리들이 바뀐 환경에 잘 적응하기를 바라는 진심을 담아 보았다.

얼마 지나지 않아 도입한 소똥구리들이 사육시설에서 경단을 만드는 모습이 목격됐다. 몽골에서 경북 영양까지 멀고도 먼 거리를 이동했지만, 잘 회복한 모습을 보니 정말 다행이라는 생각이 들었다. 이곳에서 월동과 번식을 잘해 우리나라 소똥구리 복원에 소중한 자원이 되어주길 바란다.

CHAPTER. 13

# 소똥구리 복원에 바란다

김홍근

참여해 주신 분들 / **국립생태원 멸종위기종복원센터 선임연구원** /

멸종위기종복원센터 개원 당시부터 소똥구리 복원연구를 담당하고 있다.
선행 연구를 바탕으로 소똥구리 복원을 위한 자료 수집, 시설 확보, 개체 도입 등의 업무를 진행했다.

● 누군가는 멸종위기종이 많은데 왜 꼭 소똥구리를 복원해야 하냐고 묻는다. 과거에 시도했던 소똥구리 복원을 왜 다시 하느냐고 말한다. 심지어 환경이 너무 달라졌는데 불가능한 일에 에너지와 예산만 낭비하는 건 아니냐고도 한다. 많은 멸종위기종 중 꼭! 소똥구리여야만 하는 이유, 선행 연구를 바탕으로 재도약할 수 있는 이유, 행여 소모전이 될지라도 소똥구리 복원을 위한 노력이 환경을 살리는 길이 되는 이유와 그렇게 되지 않도록 우리가 무엇을 해야 하는지를 고민하며, 앞으로의 복원 연구에 길잡이가 되어줄 배연재 교수(고려대학교 환경생태공학부), 방혜선 팀장(농촌진흥청 사업기획팀), 김홍근 선임연구원(국립생태원 멸종위기종복원센터)의 이야기를 정리해 보았다.

**고려대학교 생명과학대학 교수**

국립생물자원관 관장을 역임했으며, 현재는 고려대학교 생명과학대학 환경생태공학부 교수로 재직하고 있다.
우리나라 유용 곤충자원과 멸종위기종 관련 연구를 지속적으로 수행하고 있다.

방혜선

**농촌진흥청 사업기획팀 팀장**

농촌진흥청 연구사로 시작하여 국립농업과학원 농업생태실장과 곤충산업과장을 거쳐, 현재 농촌진흥청 연구정책국 사업기획팀 팀장으로 재직 중이다.
'기후스마트 농업'으로 식용 및 사료곤충산업에 대해 큰 관심을 갖고 있다.

• • •

**김홍근_** 2018년 멸종위기종복원센터 개원 때부터 소똥구리 복원연구를 담당하고 있는 김홍근 선임연구원입니다. 개원 당시 26종의 멸종위기 곤충류 중 우선복원대상종으로 이미 소똥구리가 결정되어 있어서 처음부터 연구를 맡게 됐죠. 그런데 지금까지 연구를 진행하면서 안타까웠던 것은 소똥구리 복원이 어려워서가 아니라, 일부에서 '멸종위기종도 많은데 예산을 들여서까지 소똥구리를 복원해야만 하는 거냐'고 하시는 분들이 있었거든요. 물론 소똥구리를 단지 똥에서 사는 곤충이라고만 알고 계셔서 그럴 거라고 이해는 합니다.

**배연재_** 다른 멸종위기 곤충들의 복원도 매우 중요합니다. 하지만 예산, 인적자원의 부족 등 여러 가지 현실적인 문제들 때문에 복원에도 우선순위를 둘 수밖에 없는 것이 현실이죠. 소똥구리는 분해자로서 토양생태계의 건강성을 상징하는 곤충이라 할 수 있습니다. 농사가 주된 생업이었던 우리 민족에게 과거부터 함께 살아왔던 곤충으로 문화적 친밀도도 높고요. 곤충에 관심없는 일반인도 이름을 알만큼 유명한 곤충이기 때문에 멸종위기종 복원에 대한 국민적 관심도 불러일으킬 수 있죠. 이러한 이유들로 소똥구리는 충분히 복원의 우선 순위에 들어간다고 할 수 있습니다.

**방혜선_** 소똥구리는 환경에 아주 민감한 곤충으로 알려져 있습니다. 환경 변화의 '지표(Indicator)'가 될 정도로. 서식처 상실, 농약 사용 증가처럼 환경 변화 때문에 멸종위기에 이른 대표적인 곤충이 소똥구리입니다.

**배연재_** 맞습니다. 소똥구리는 토양 생태계를 상징하는 깃대종(flagship species)이자 종다양성 보존에 핵심 역할을 수행하는 핵심종(keystone species)이기도 합니다. 이런 종의 복원은 단순히 복원으로 끝나지 않고 생태계의 복원 및 보전에 있어 긍정적인 파급효과를 일으킬 수 있지요.

**방혜선_** 소똥구리 복원은 서식처의 회복과 농약의 안전 사용이라는 두 가지, 즉 우리 환경을 잘 지키면 컨트롤 할 수 있다는 증명이기 때문에 다른 곤충보다 우선적으로 소똥구리 복원에 의미를 두는 것입니다.

• • •

**김홍근_** 농업 분야에서는 소똥구리 복원이 또 다른 의미를 가질 수도 있겠군요.

**방혜선_** 곤충 중에는 리사이클링(recycling)에 관여하는 곤충이 있습니다. 우리 환경을 지속 가능하게 하면서 사람과 자연이 함께 살아갈 수 있는 생태계를 만들어 주는 데 아주 중요한 역할을 하죠. 소똥구리는 세 가지 유형으로 나눌 수 있는데, 이 중 똥을 땅속으로 운반하는 '터널형'이 여기에 속합니다. 소똥구리가 흡급하고 남은 똥 성분이 토양 생태계로 환원되거든요. 토양에 천연 비료를 준 것과 같은 효과라고 할까요. 그래서 농업 분야에서는 리사이클링 측면에서 소똥구리를 활용하겠다는 것이죠. 요즘 많은 관심을 받는 친환경 농업이라 할 수 있습니다.

• • •

**김홍근_** 여러 가지 면에서 소똥구리 복원은 꼭 필요하다는 생각입니다. 이런 중요성을 인지하고 배연재 교수님 연구팀에서 먼저 연구를 시작하셨죠?

**배연재_** 2014년부터 3년간 진행했는데, 당시에는 어려움이 많았습니다. 소똥구리의 생활사나 생태 등 기본적인 정보도 거의 알려지지 않아 연구 기반을 다지는 데 많은 시간과 노력이 필요했어요. 특히 소똥구리는 국내에서 멸종되었다고 판단되는 종이기 때문에 반달가슴곰처럼 동일한 종의 개체들을 해외에서 들여와 증식해야 했거든요. 해외에서 소똥구리의 서식처를 찾고, 건강한 개체들을 포획한 다음, 항공기로 운송해 검역 문제까지 해결하고 국내 사육시설에 들여오기까지 많은 시행착오가 있었죠.

• • •

**김홍근_** 저희도 몽골에서 소똥구리 개체를 들여오느라 동일한 과정을 거쳤기 때문에 굉장히 공감이 됩니다. 그런 과정이 있어서인지 2020년 봄, 동면에서 깨어난 소똥구리를 보았을 때가 굉장히 기억에 남더라고요.

**배연재_** 그렇죠. 많은 어려움이 있었기에 여러 기술적, 행정적 문제를 극복하고 들여온 개체들의 증식에 성공했을 때 기쁨이 더 컸던 것 같습니다.

…

**김홍근_** 말씀해주신 선행 연구를 통해 문헌·표본 조사, 형태 및 유전자 분석, 사육을 통한 생태 연구, 국내 복원 대상지 탐색 등이 이루어졌고, 현재 멸종위기종복원센터의 연구에도 기초 자료가 되고 있습니다. 앞으로 여기서 한 단계 더 나아간 성과를 도출하려면 어떤 점들을 유의해야 할까요.

**방혜선_** 중장기적인 계획을 꼼꼼히 수립하는 것이 중요합니다. 소똥구리는 한 세대가 2~3년 걸리고 다른 곤충에 비해 비교적 알을 적게 낳기 때문에 연구하기가 매우 까다로운 곤충이에요. 더구나 실험실에서 사육을 성공한 후 야외에서 정착시키는 데에만 수년이 걸리니까요. 장기적인 계획(예산)과 관심, 열정, 끈기 없이는 여러 가지 어려움에 부딪혀 지속하기가 어렵습니다. 긴 시간이 필요한 만큼 지속적인 예산 지원과 국민들의 관심이 꼭 필요합니다.

**배연재_** 멸종위기종 복원은 연구의 중요성과 가치에 비해 아직까지 연구비가 많이 부족한 것이 현실입니다. 멸종위기종은 전문가의 세심한 관리와 대상 종의 생물학적 특성에 맞는 전용 사육 시설이 필요하기 때문에 인적 자원과 예산이 많이 필요할 수밖에 없어요. 멸종위기종 복원에 더 많은 관심과 지원이 이루어진다면 연구가 더욱 원활히 수행될 것입니다. 또 멸종위기종의 복원연구에는 많은 제도적 규제가 존재하는데 이러한 규제는 멸종위기종 보호에 필요하지만, 동시에 복원연구 수행에 어려움을 주기도 합니다. 앞으로 규제가 완화돼서 민간이 참여하는 멸종위기종 복원사업과 이후의 모니터링 및 관리가 활성화되어야 한다고 봅니다.

• • •

**김홍근_** 소똥구리를 연구 대상으로만 보지 않고, 애정어린 마음을 가지면 좋겠다는 생각을 합니다. 실제로 연구원들은 소똥구리를 소중하게 여겨 필요한 것을 미리미리 제공하려고 노력 중이에요. 이렇게 애정과 열정으로 대하다 보면 우리나라에 소똥구리가 다시 서식하는 날이 오겠죠? 다음으로는 어떤 곤충을 복원하게 될지 행복한 고민을 한 번 해봅니다.

**방혜선_** 현재 멸종위기종복원센터는 경단형을 도입해서 복원하고 있죠? 그런데 요즘은 터널형 소똥구리도 찾아보기가 어렵습니다. 상황이 더 나빠지기 전에 터널형 소똥구리에도 관심을 갖고 연구를 하면 어떨까요. 한 가지 덧붙이자면, 다음 세대 아이들에게 소똥구리의 소중함을 알리는 교육이나 프로그램도 당부드리고 싶어요. 다음 세대에서 또 다시 '절멸'이라는 아픈 소식이 들리지 않도록 하는 것도 중요하니까요.

**배연재_** 모든 종의 복원이 시급하겠지만 국민들의 관심을 끌 수 있는 대형종이나 상징성 있는 깃대종의 우선적 복원은 분명 이점이 있지요. 산림생태계의 장수하늘소와 비단벌레, 습지생태계의 물장군과 꼬마잠자리, 토양생태계의 소똥구리와 수염풍뎅이가 각 생태계를 대표하는 깃대종인데, 이 중 수염풍뎅이를 다음 복원 대상 종으로 고려해 볼 가치가 있습니다. 국내에서 복원연구가 시도된 적이 없고, 수염풍뎅이는 대형종이면서 수염 모양의 특이한 더듬이를 가지고 있어 사람들의 관심을 불러일으킬 수 있죠. 동시에 생태계 보존의 상징성이 높고요.

• • •

**김홍근_** 소똥구리가 우리나라 곳곳에서 소와 함께 목격되어 말씀해주신 멸종위기종 복원에 대해 다시 논의해 볼 수 있기를 기대하며, 좋은 의견과 제언을 주신 두 분께 다시 한번 감사드립니다.

CHAPTER. 14

# 소똥구리 복원 계획 인터뷰

● 한 지역에서 사라진 곤충을 다시 그 지역에 살아가도록 만드는 일은 생각만큼 쉽지 않다. 이미 여러 환경적 요인으로 자취를 감췄는데, 모든 환경을 이전처럼 복구시키거나 그 상태를 유지하기란 사실상 불가능하기 때문이다. 그러나 모든 종은 저마다 생태계 내에서의 역할이 있는 바, 하나의 종이 사라졌을 때 나타날 연쇄 반응과 부작용을 예측하고 감당할 수 없다면, 최대한 사라져가는 종을 하나라도 더 막아야 하지 않을까.

이 어려운, 그렇지만 누군가 꼭 해야 할 일을 묵묵히 해내고 있는 멸종위기종복원센터 연구원에게 그간의 소똥구리 복원 진행 과정과 앞으로의 계획에 대해 들어보았다.

**현재 진행 중인 주요 업무를 간략히 설명해주세요.**

우리나라에서 멸종된 것으로 추정되는 소똥구리를 복원시키기 위해 지난 2019년 몽골에서 유전적 유사성을 지닌 개체 200마리를 들여왔습니다. 이 소똥구리들의 생태를 관찰하고, 증식 기술을 개발하며, 향후 방사 계획을 수립하는 등 복원 전반에 관한 업무를 진행하고 있습니다.

**그간의 복원 업무 성과를 꼽아주신다면...**

현재까지 가장 큰 성과는 소똥구리의 기초 사육 방법 및 생활사적 특성을 밝혀낸 것입니다. 소똥구리를 실내에서 증식시키기에 적합한 온도, 습도, 광주기, 사육 토양 그리고 먹이와 같은 환경 조건을 어느 정도 파악할 수 있었습니다. 또 알에서부터 성체까지의 소요 기간과 각각의 성장 단계에서 어떤 방식으로 살아가는지, 번식을 위한 행동과 그에 따른 필요조건 등에 대한 연구 결과도 얻었고요. 그밖에 두 번의 야외 동면을 성공적으로 해내고, 인공 증식을 통해 F1, F2까지 사육한 것도 의미 있는 성과라고 생각합니다.

**어려움도 많았을 것 같은데, 가장 큰 위기는 무엇이었을까요?**

우선 소똥구리가 마지막으로 확인된 1971년 이후 거의 반세기가 흘러서 복원에 필요한 관련 정보를 찾기가 어려웠습니다. 꽤 오랜 시간 국내외 문헌을 분석해야 했고, 이를 바탕으로 사육 시스템을 만들었죠. 다음으로 소똥구리 증식을 위해서는 안정적인 먹이 공급이 가장 중요했습니다. 혹시라도 구충제나 살충제의 영향을 받은 초식동물의 분변을 제공했다가 소똥구리들이 죽기라도 하면 큰일이니까요. 다행히 두 달 이상 약을 먹이지 않은 소들이 있는 농장을 수소문한 끝에,

제주에서 신선한 분변을 공급해올 수 있었습니다. 직원들이 1년 정도 힘들게 출장을 다녔는데, 감사하게도 지난해 한국마사회 부산경남지역본부로부터 퇴역 경주마 '포나인즈'를 기증받아 이제는 센터 내에서 안정적으로 먹이를 공급하고 있습니다.

**퇴역 경주마 '포나인즈'는 어떻게 관리되고 있는지 궁금합니다.**

지난해 11월 센터에 들어온 뒤로 매일 오전과 오후, 하루 두 번씩 건초와 물을 공급하면서 건강 상태를 살피고 분변을 수집합니다. 2주에 한 번씩 산책도 시켜주고 목욕은 한 달에 한 번 정도? 그런데 녀석이 몸에 물 닿는 걸 별로 좋아하진 않더라고요. 더운 여름에는 센터가 산에 있다 보니 흡혈 파리가 많아서, 흡혈 파리들을 제거하느라 '포나인즈' 눈에 투명 안대도 씌우고, 마사(馬舍)에 방충등도 설치해 관리하고 있습니다.

**향후 복원 성공까지 예상되는 핵심 난제(難題)는 무엇일까요?**

우선은 소똥구리의 개체군 안정화가 가장 시급합니다. 개체군이 안정되어야 증식 기술 개발이나 방사에 들어갈 수 있거든요. 2019년에 들어온 소똥구리 1세대는 이제 대부분 죽은 상태이고, 그 후손인 F1, F2가 현재 약 250개체 정도 됩니다. 다음 세대들이 알을 많이 낳아서 개체 수가 꾸준히 증가할 수 있도록 실제 자연환경과 최대한 유사한 환경을 만들어주려고 노력 중입니다.

**복원 연구의 성공을 위해 가장 신경 쓰는 부분은?**

현재까지 사육해 본 결과, 대량 증식이 잘 되는 여느 곤충들과 달리 소똥구리는 인공 증식이 꽤나 까다로운 종입니다. 우선 동면을 해야만 번식을 하기 때문에 생활 단계에 따라 저온 처리와 일조량 조절을 해줘야 하거든요. 저온 처리를 하지 않고 여름철과 같은 환경 조건을 유지하면 소똥구리는 시름시름 앓다가 죽게 됩니다. 또 땅속에서 잠을 자는 밤에는 실제 자연환경처럼 온도를 낮춰주는 게 좋고, 한 종류의 풀만 먹은 가축의 분변은 영양적 측면에서 문제가 나타날 수 있기 때문에 추가적으로 영양 보조제 투여를 검토하는 등 인공 증식 기술을 개발하기 위해 다방면으로 노력하고 있습니다.

멸종위기종복원센터
소똥구리 사육실

**소똥구리 대체 서식지로 검토되는 지역은?**

아직 구체적으로 대체 서식지를 검토하기에는 이른 상황입니다. 선행 연구에 따르면 충남 태안의 신두리, 전남 신안의 자은도 등이 환경적으로 적합하다고 거론되었습니다만, 대체 서식지라는 게 여러 환경적 요건도 중요하지만 일단 지자체의 협조와 지원이 꼭 필요한 부분이라서요. 조금 더 시간을 두고 최적의 대체 서식지를 찾을 수 있도록 보다 면밀하게 검토할 예정입니다.

① 신안 자은도 외기해변 © 신안군청
② 태안 신두리사구센터 앞에 조성된 소똥구리 조형물 © 금강유역환경청

**증식, 방사 이후 서식지 관리는 어떻게 진행되는지 궁금합니다.**

방사 이후에는 꾸준한 모니터링이 필요합니다. 소똥구리들이 새로운 서식지에서 잘 적응하며 살고 있는지 개체군의 크기나 활동 상태를 점검해야 하니까요. 혹 개체 수가 줄어드는 위협 요인이 발생하면 원인을 분석해서 제거 방법도 제시해야 하고... 아직 먼 이야기이긴 하지만, 서식지가 많아지면 지자체와 협의해서 서식지별로 자체 모니터링이 가능한 시스템을 만들어야겠죠.

**'소똥구리를 활용한 친환경 목축업'은 언뜻 친환경 오리농법 등을 떠올리게 하지만 낮은 생산성 극복이 과제일 텐데, 정착 가능성을 어느 정도로 보고 계신지요?**

친환경 목축은 우선 너른 방목지가 있어야 하고, 소의 먹이나 약물에 대한 가이드라인도 필요합니다. 예를 들면 소똥구리가 활동하는 5~8월 사이에는 약물을 투여하지 않는 등 소와 소똥구리가 함께 건강하게 공존할 여건을 마련해야하는 것이죠. 다행히 최근에는 동물복지에 대한 인식이 많이 개선되어서 농장 자체적으로 친환경 목축을 시도하는 곳도 있는 상황이라 희망적으로 바라보고 있습니다. 물론 어느 정도 정착이 될 때까지는 정부나 지자체의 지원이 필요하겠지만요.

**멸종위기 야생생물 Ⅱ급인 소똥구리가 멸종위기종에서 벗어나기 위한 요건은 무엇이며, 예상 시점은 언제쯤으로 보시는지요?**

일단 법적으로는 "복원에 성공했을 경우 멸종위기종에서 벗어난다"고 되어 있는데, 복원 성공에 대한 기준이 명확하질 않습니다. 다만 저희 내부적으로는 서식지에 방사한 후 인위적인 간섭 없이도 수년간 개체 수가 유지되거나 서식지가 확대되었을 경우, 복원 성공으로 볼 수 있지 않을까 생각합니다. 하루 빨리 그날이 왔으면 하지만, 현재로서는 시점을 가늠하기가 어렵네요.

> "개체 수가 꾸준히 증가할 수 있도록 실제 자연환경과 최대한 유사한 환경을 만들어주려고 노력 중입니다."

**이미 사라진 소똥구리를 왜 굳이 복원해야 하느냐, 일부 비판적인 시선도 있습니다.**

사라진 소똥구리는 진화적 관점에서 도태된 것이니 포기해야 한다는 의견, 잘 알고 있습니다. 그런데 소똥구리는 자연적인 환경 변화로 사라진 게 아니라 무분별한 개발에 의한 서식지 파괴, 밀집 사육의 생산성 향상을 위한 약물 남용 등 인간의 인위적 간섭에 의해 사라진 것으로 봐야 합니다. 그렇기 때문에 생태계 불균형을 바로잡는 차원에서 접근하는 게 맞다고 생각하고요. 아무쪼록 많은 분들이 소똥구리의 복원을 응원해주셨으면 하는 마음입니다.

CHAPTER. 15

# 소똥구리를 연구하는 사람들

'침팬지 박사'로 유명한 제인 구달은 생물다양성을 거미줄, 즉 '생명의 그물망'에 비유했다. 거미줄이 한두 가닥씩 끊어지면 점점 약해지듯 지구상의 동·식물도 하나 둘 사라지면 '생명의 그물망'이 끊겨 마침내 지구의 안전망에 구멍이 생기고 균형이 무너진다는 의미다. 이처럼 멸종위기에 처한 야생생물이 멸종되지 않도록 보전·복원하는 것은 건강한 생태계를 위해 반드시 필요한 노력이다. 2018년 10월, 경상북도 영양군에 설립된 국립생태원 멸종위기종복원센터는 멸종위기 야생생물의 복원을 위한 전문 연구기관이며, 이곳에서 소똥구리 복원을 위한 연구가 본격적으로 이루어지고 있다. 멸종위기종복원센터 및 그간 소똥구리 복원 연구와 관련한 중요 성과, 연구 담당자들의 면면을 소개한다.

**국립생태원**
**멸종위기종복원센터**

| | |
|---|---|
| 위치 | 경상북도 영양군 영양읍 고월길 23 멸종위기종복원센터 |
| 대지 면적 | 2,554,337$m^2$(77만 평) |
| 건축 연면적 | 16,029.44$m^2$ |
| 시설 | 각 분류군별 연구동, 곤충 온실, 식물 온실, 복원 사무동, 검역소 센터, 조류 실외 사육장 및 방사장, 포유류 실외 사육장, 센터동물병원 등 |
| 대표 전화 | 054-680-7230 |

멸종위기 야생생물이란 멸종위기에 처했거나, 가까운 장래에 멸종위기에 처할 우려가 있어 환경부에서 지정한 야생생물을 말한다. 쉽게 말해서 사라지기 전에 우리가 반드시 보호해야 하는 생물이라는 의미다. 현재 호랑이, 황새, 미호종개 등 총 267종의 생물이 멸종위기종으로 지정되어 있는데, 이들을 보호하는 생물지킴이 멸종위기종복원센터는 복원전략실과 복원연구실로 나뉜다.

## 1 멸종위기종복원센터 연구 부서

### 복원전략실

Division of Restoration Strategy

복원연구기획팀, 복원평가분석팀, 서식지보전연구팀 3개의 팀으로 구성된 복원전략실. 복원연구기획팀은 멸종위기 야생생물 포털(홈페이지)과 통합정보시스템(DB)을 구축·운영하고, 국내 · 외 협력사업으로 멸종위기 야생생물 보전정책 이행과 복원사업을 지원한다. 복원평가분석팀은 성과를 체계적으로 분석·평가하고 멸종위기 야생생물 전국 분포조사를 통해 멸종위기종 신규 지정 및 해제 관련 정책 지원, 멸종위기 야생생물 통합콜센터 서비스를 제공한다. 마지막으로 서식지보전연구팀은 멸종위기 야생생물의 서식지 내 자연환경 보전 방안, 적합 서식지 선정, 멸종위기종 방사 및 공존 방안에 대한 연구와 서식지 보전 전략을 수립한다.

## 복원연구실

Division of Restoration Research

총 7개 분류군(포유류, 조류, 어류, 양서파충류, 곤충류, 무척추동물류, 식물류)으로 구성된 연구진은 멸종위기 야생생물 보전을 위해 서식지 환경 생태와 행동학 연구, 야생화 훈련, 증식·재배 기술 연구, 개체군 모니터링 등을 수행한다. 현재 환경부 지정 우선 복원 대상종 25종을 중심으로 복원 연구를 진행하고 있으며, 그 대상을 64종으로 확대시켜 나가고 있다. 또한 국내 야생생물 개체군 분포를 조사하여 관련된 정보를 제공하고, 종별 개체군 변화 분석 등의 업무를 수행한다. 복원연구실은 국내·외 연구기관 및 연구팀들과 협력을 강화하여 연구 영역을 점차 확장시켜 나갈 전망이다.

## 2 소똥구리 월동에 따른 증식 기술 연구

알에서 갓 성충으로 우화한 소똥구리는 곧바로 교미나 산란에 들어가지 않는다. 동면을 거친 후에야 생식 활동에 나서는데, 아직 그 이유는 명확히 밝혀지지 않았다. 다만 소똥구리는 제대로 된 동면 과정을 거쳐야 번식할 수 있다는 사실만 확인된 상태다. 멸종위기종복원센터는 소똥구리 복원의 핵심 연구 과제 중 하나가 동면임을 파악하고, 실내·외에 인공 동면 시스템을 갖추었다. 특별히 야외 월동시설은 센터 내 3중 잠금장치가 된 방충시설을 수입금지품 관리구역으로 지정하였으며, 겨울철 땅속에 김장독을 묻어 일정 온도를 유지했던 방법에서 아이디어를 얻어 추운 기온에서 동면하는 소똥구리들이 지나치게 저온 환경에 처하지 않도록 설계하였다.

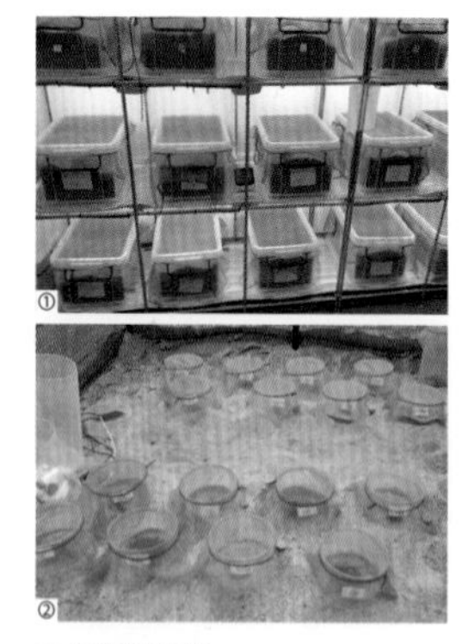
① 실내 증식 시설
② 야외 월동 시설 내 산란 케이지

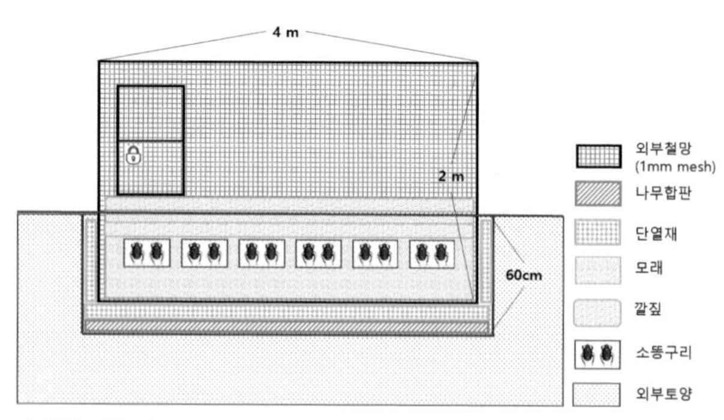

야외 월동 시설 모식도

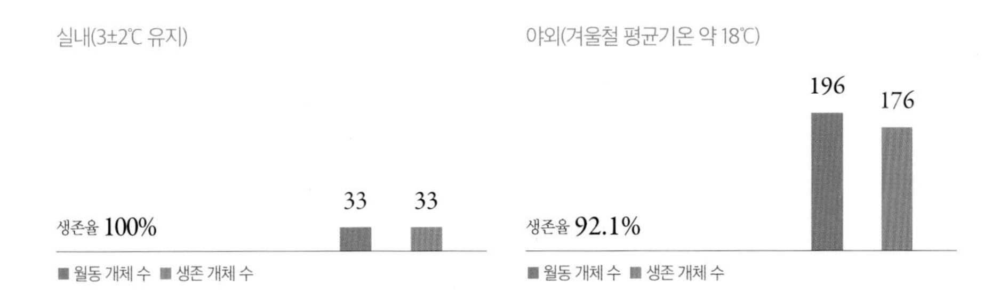

그 결과, 실내와 실외에서 동면에 들어갔던 소똥구리들은 모두 높은 생존율을 보이며 안정적으로 활동하였다. 이 과정에서 실내 저온 사육상에서 월동한 소똥구리들의 수명을 비교한 결과, 동면 기간이 길수록 생존율도 높아진다는 사실을 알 수 있었다. 2020년 봄, 야외 시설에서 첫 동면을 마친 소똥구리들은 시기별로 다음과 같은 생태 활동을 보였다. 이로써 몽골에서 도입한 소똥구리들이 우리나라 생태환경에 무난하게 적응할 수 있음이 확인되었다.

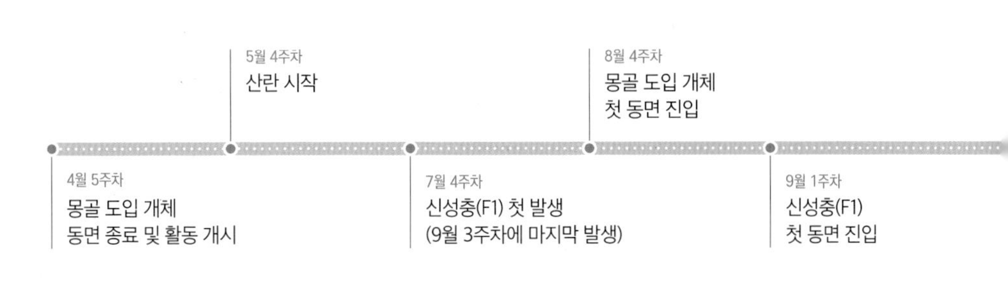

## 3 소똥구리 담당 연구자들

# 모두의 염원

**장금희** 팀장

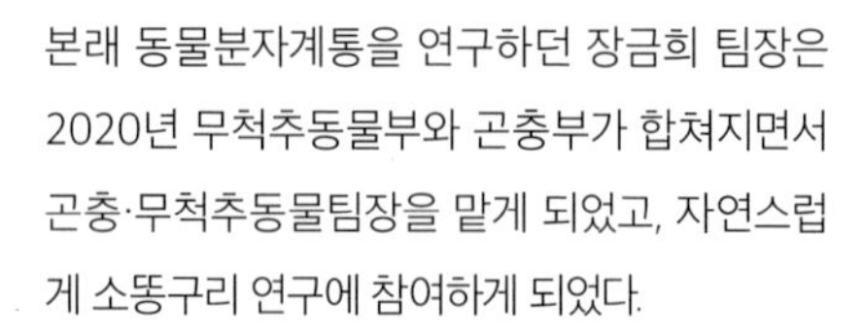

본래 동물분자계통을 연구하던 장금희 팀장은 2020년 무척추동물부와 곤충부가 합쳐지면서 곤충·무척추동물팀장을 맡게 되었고, 자연스럽게 소똥구리 연구에 참여하게 되었다.

"제가 소똥구리 복원 업무를 맡게 되자 가장 놀란 사람은 저희 엄마셨어요. 어릴 적 시골에서 자라신 분이라, 외양간에서 흔히 보던 소똥구리가 다 사라졌다는 게 믿기지 않으셨던 모양이에요."

어머니처럼 소똥구리에 대한 추억이 남다르고 그래서 복원을 염원하는 분들이 많다는 것을 잘 알기에, 장금희 팀장이 업무에 대해 느끼는 책임감은 조금 더 각별하다.

"만약 복원에 성공하게 된다면, 많은 분들에게 소똥구리를 보여 드리고 싶어요. 경단 굴리는 것도 직접 보고, 편하게 만져 볼 수 있다면 생활 속에서 소똥구리를 사랑하는 마음이 더 커지지 않을까요?"

## Spring-Phobia

**김영중** 선임연구원

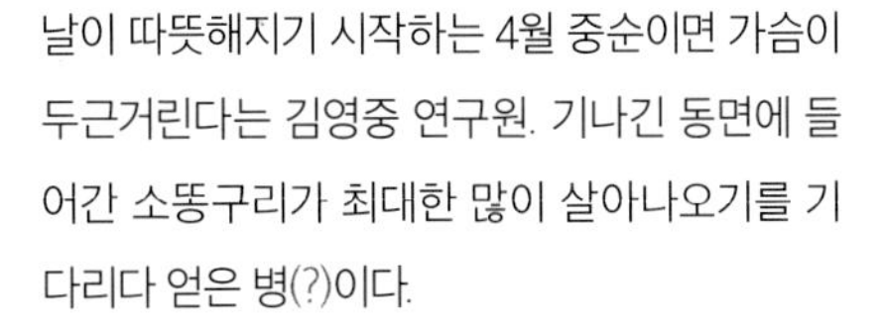

날이 따뜻해지기 시작하는 4월 중순이면 가슴이 두근거린다는 김영중 연구원. 기나긴 동면에 들어간 소똥구리가 최대한 많이 살아나오기를 기다리다 얻은 병(?)이다.

"지난 겨울은 어찌나 춥던지, 소똥구리들이 다 얼어 죽는 건 아닌가 노심초사했습니다."

원래 LMO 사료나 환경 독성 물질이 곤충의 생태에 미치는 영향을 연구하다가 2019년부터 소똥구리 복원에 참여 중인 김영중 연구원은 복원 절차에 따른 세부 연구 항목 설정, 각각의 항목에 대한 수행 방법, 결과 해석 등 연구 및 방향성 전반을 관리하고 있다. 언젠가 복원에 성공하면, 소똥구리의 복원이 국내 생태계에 미치는 긍정적 영향에 대해 연구하고 싶다는 김영중 연구원.

"지금까지 소똥구리 복원 연구가 잘 진행될 수 있었던 것은 동료 연구자들의 노력과 따뜻한 관심 덕분입니다. 소똥구리가 우리나라에서 잘 살아가게 될 그날까지 조금만 더 힘내주세요!"

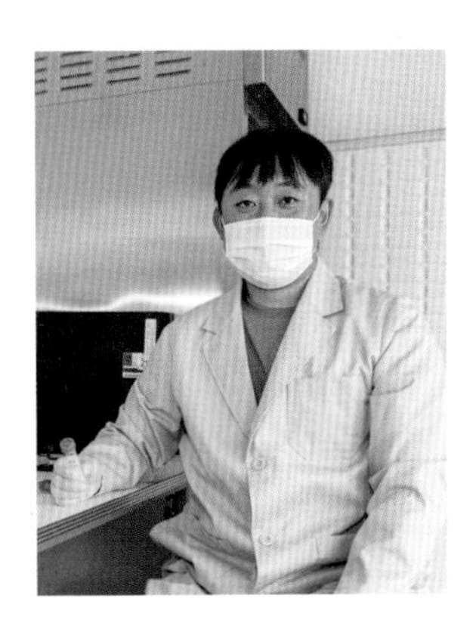

# 복불복 福不福

김홍근 선임연구원

긴장감을 고조시켜 재미를 주는 TV 예능프로그램의 복불복에서는 출연자들이 어떻게든 선택을 잘하고자 갖은 애를 쓰곤 한다. 작은 벌칙을 피하기 위해서도 그렇게 마음을 졸이는데, 일 년 넘게 공들인 연구가 수포로 돌아갈 수도 있는 복불복이라면 어땠을까?

"소똥구리 복원연구에서 가장 중요한 것은 겨울나기였어요. 선행연구에서는 많은 수의 소똥구리가 월동 중에 죽었거든요. 김장김치를 땅에 묻는 원리에서 착안해 야외 격리 시설에 소똥구리를 묻었는데, 시도해 본 적 없는 방법이라 성공을 장담할 수 없었죠. 만약 실패한다면 다시 소똥구리를 도입할 수 있는 상황도 아니었기 때문에, 소똥구리가 겨울잠에서 깨어난 2020년 봄을 정말 잊을 수가 없습니다."

선행 연구가 많지 않아 항상 새로운 길과 방법을 찾아야 하기에 지금도 진행 중인 김홍근 연구원의 복불복. 그 길에 앞으로도 계속 실패가 없길... 진심으로 소망한다.

## 무궁무진 無窮無盡

**김황** 전임연구원

곤충이 좋아서 공부했는데, 아이러니하게도 살리는 것이 아니라 죽이는 것만 연구해야 했다는 김황 연구원. 그래서 누구보다 소똥구리를 살리는 복원연구에 큰 보람을 느끼고 있다.

"전공인 노린재목은 해충이 많아서 주로 '어떻게 잘 죽일 수 있을까'를 연구했어요. 그래서 늘 곤충을 살리는 연구를 하고 싶은 바람이 있었죠. 그러던 중 멸종위기종복원센터 개원 소식을 듣고 인턴으로 소똥구리 증식 관련 업무를 시작해서 지금까지 참여하고 있습니다."

멸종위기종은 많고 그만큼 살리는 연구의 필요도 무궁무진하다는 그는 요즘 야외 환경 적응 관련 연구를 진행하고 있다.

"소똥구리 멸종 원인 중 하나로 구충제를 추정하지만 아직까지 인과관계가 증명되지 않았거든요. 소들은 초식성 기생충에 감염되기 때문에 일 년에 2~4회 구충제를 먹이는데, 명확하게 밝혀지면 복원에 더 도움이 될 거라고 기대하고 있습니다."

## 반전 反轉

### **김만년** 전임연구원

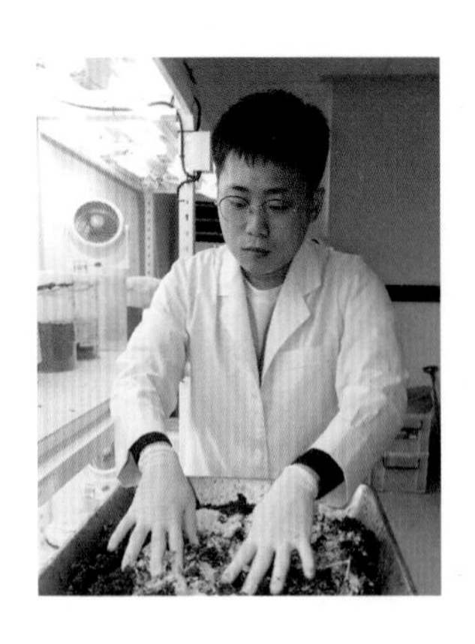

김만년 연구원은 곤충학의 응용 분야 중 하나인 산림해충학을 전공했다. 산림해충학은 산림에 발생하는 해충을 관리하고 방제하는 일. 그런데 2019년부터는 멸종위기종복원센터에 들어와 소똥구리 복원 업무를 하고 있다. 말하자면 해충을 연구해서 번식을 막다가 익충을 연구해서 번식시키는 일에 매진하게 된 셈.

"곤충 사육 업무는 주말이나 휴일에도 당번을 정해 지속적으로 관리해야 하는 어려움이 있습니다. 초기에는 20~40kg에 달했던 소똥구리 사육 상자를 선반에 올리고 내리느라 좀 힘들었는데, 이제는 특별히 어려움은 없습니다."

언젠가 소똥구리 복원에 성공한다면, 비슷한 처지에 놓인 왕소똥구리, 긴다리소똥구리도 복원시키고 싶다는 원대한 소망을 품은 김만년 연구원.

"동물의 분변에 모여든 곤충은 다 소똥구리인 줄 아는 분들이 꽤 많더라고요. 많은 분들이 소똥구리의 참모습을 알 수 있도록, 소똥구리가 빨리 복원되어 많아졌으면 좋겠습니다."

## 경단 제조사

**이혜린** 전임연구원

소똥구리는 진짜 똥만 먹나? 왜 소똥이 아니라 말똥을 먹이나? 소똥구리를 직접 볼 수 없나? 등등 지인들의 사소한 관심도 연구의 소소한 재미라는 이혜린 연구원. 멸종위기종복원센터에 입사하면서 가장 먼저 시작한 업무가 바로 소똥구리 복원연구이다.

"연구에 합류하면서 가장 먼저 제주도에 마분을 공수하러 갔었어요. 그땐 센터에 말이 없었거든요. 신선한 마분을 채집해서 센터로 가져온 다음, 직접 제 손으로 경단을 빚었죠. 일정한 무게로 만들어서 신선하게 보관을 해야 하거든요. 솔직히 좀 충격적이었어요."

살짝 충격적이고 고단했던 과정들을 지나 지금까지 연구가 진행됐지만 앞으로가 훨씬 더 중요하다는 이혜린 연구원의 바람은 하나다.

"소똥구리 복원이 꼭! 성공해서 제가 지금 조사하고 있는 우선 복원 대상종들도 하루 빨리 연구가 시작되는 날이 오길 바랍니다."

## 모정 母情

**최예진** 계장

만약 소똥구리가 감정을 느낄 수 있다면, 모정 같은 최예진 계장의 마음을 느꼈을지도 모른다고 하면 너무 과장된 표현일까? 이렇게 비현실적인 가정을 떠올리는 것은 소똥구리가 먹고, 경단을 만들고, 죽기까지 모든 과정에 그녀의 손길이 닿기 때문이다. 소똥구리 복원연구가 처음 시작될 때 사육케이지에 모래를 채우는 작업부터 시작해, 요즘은 소똥구리에게 신선한 똥이 공급되도록 말을 먹이고 관리하고 목욕시키는 등 전반적인 관리까지 도맡아 하는 최예진 계장. 마치 소똥구리 양육자 같은 역할을 담당하고 있는 그녀의 부모님들도 소똥구리에 많은 관심을 보이신다고 한다.

"제가 소똥구리 복원연구에 참여하고 있는 것을 누구보다 부모님께서 자랑스러워하세요. 인터넷 검색도 저보다 많이 하셔서 말씀드리지 않은 내용까지 다 알고 계시더라고요."

그동안 여러 가지 어려움을 잘 헤쳐온 것처럼 마지막 난관인 '방사'까지 꼭 성공해내고 싶다는 최예진 계장. 매일 더해지는 그녀의 '열심'만큼 복원 성공 가능성도 더해지는 중이다.

# appendix
# 부록

# 한국의 소똥구리과 목록

| 번호 | 종명 / 분류체계 | 분포 / 생김새 | 형태적 / 생태적 특징 |
|---|---|---|---|
| 1 | 왕소똥구리<br>*Scarabaeus typhon*<br><br>Insecta 곤충강 ><br>Coleoptera 딱정벌레목 ><br>Scarabaeidae 소똥구리과 ><br>*Scarabaeus* 왕소똥구리속 | - 국내: 조치원, 논산, 대구, 안동, 부산, 전주, 내변산, 자은도, 진도<br>- 국외: 유럽 남부, 중국 북부 | - 몸은 짧고 넓적한 알 모양.<br>- 앞가슴등판의 가운데 앞쪽에 희미한 융기, 뒤쪽에 낮은 홈이 있으며, 양면 옆 테두리에는 가늘고 긴 강모가 빗살처럼 있음.<br>- 점각은 골고루 조밀하게 분포.<br>- 앞다리 종아리마디의 외치는 4개이며 발목마디는 없음.<br>- BL: 20~33mm, BW: 10.5~18mm<br><br>- 대형 초식동물의 배설물을 땅굴로 굴려가서 먹거나 새끼의 먹이로 저장.<br>- 충남 태안군 신두리의 사구지대에서 자생했으나 현재는 그 지역에서 절멸 |
| 2 | 소똥구리<br>*Gymnopleurus mopsus*<br><br>Insecta 곤충강 ><br>Coleoptera 딱정벌레목 ><br>Scarabaeidae 소똥구리과 ><br>*Gymnopleurus* 소똥구리속 | - 국내: 제주도를 포함한 남북한 전역<br>- 국외: 일본을 제외한 구북구 전역 | - 몸은 약간 긴 오각형에 가깝고 등판은 편평하며, 전신에 미세한 과립이 조밀하게 분포. 소순판은 보이지 않음.<br>- 앞다리 종아리마디의 외치는 3개이며 발목마디는 비교적 작음.<br>- BL: 7~16mm, BW: 4.7~9.5mm<br><br>- 소, 말, 양 등 대형 초식동물의 분식성이며 1970년대에 들어와 지역절멸<br><br>※ 멸종위기 야생생물 II급 |
| 3 | 긴다리소똥구리<br>*Sisyphus schaefferi*<br><br>Insecta 곤충강 ><br>Coleoptera 딱정벌레목 ><br>Scarabaeidae 소똥구리과 ><br>*Sisyphus* 긴다리소똥구리속 | - 국내: 양구, 철원, 삼척 도계, 경기 천마산, 광릉, 시흥, 봉화, 거제도, 제주도<br>- 국외: 일본과 중국 남부지방을 제외한 구북구 | - 몸은 매우 두꺼운 알 모양이며 광택이 없는 흑색.<br>- 머리방패의 앞 가장자리 가운데가 매우 깊게 파였고, 파인 양 옆은 삼각형처럼 뾰족하게 돌출.<br>- 종아리마디는 넓적다리마디와 거의 같은 길이인데 안쪽으로 구부러졌고, 안쪽 면은 톱날 모양.<br>- BL: 7~12mm, BW: 4.5~7mm |

| 번호 | 종명 / 분류체계 | 분포 / 생김새 | 형태적 / 생태적 특징 |
|---|---|---|---|
| 4 | 뿔소똥구리<br>*Copris ochus*<br><br>Insecta 곤충강 ><br>Coleoptera 딱정벌레목 ><br>Scarabaeidae 소똥구리과 ><br>*Copris* 뿔소똥구리속 | - 국내: 남한 전역<br>- 국외: 중국(중부, 북부), 몽골, 일본 | - 몸은 매우 두껍고 알 모양이며 광택이 있는 흑색.<br>- 종아리마디에 짧고 넓은 3개의 외치가 있음.<br>- BL: 20~28mm, BW: 10.5~16.5mm |
| 5 | 애기뿔소똥구리<br>*Copris tripartitus*<br><br>Insecta 곤충강 ><br>Coleoptera 딱정벌레목 ><br>Scarabaeidae 소똥구리과 ><br>*Copris* 뿔소똥구리속 | - 국내: 고성, 홍천, 삼척, 경기 덕적도, 파주, 수원, 양덕, 청주, 안면도, 가야산, 당진, 논산, 산청, 거제도, 덕유산, 백운산, 진도군, 완도군<br>- 국외: 대만, 중국, 일본 | - 뿔소똥구리와 유사하나 몸집이 훨씬 작고 가늘며 광택이 매우 강한 원통형.<br>- 종아리마디 외치는 4개.<br>- BL: 13~19mm, BW: 6.9~11.5mm |
| 6 | 깨알소똥구리<br>*Panelus parvulus*<br><br>Insecta 곤충강 ><br>Coleoptera 딱정벌레목 ><br>Scarabaeidae 소똥구리과 ><br>*Panelus* 깨알소똥구리속 | - 국내: 지리산<br>- 국외: 일본 후쿠오카 | - 몸은 타원형이며 흑갈색 내지 갈색.<br>- 머리는 약간 볼록하게 솟았고 미세한 점각이 분포. 머리방패 가장자리 가운데는 2개의 삼각형 돌기가 있고 그 가운데는 깊고 둥글게 파였음.<br>- BL: 2~3mm, BW: 1.5~2mm |
| 7 | 창뿔소똥구리<br>*Liatongus phanaeoides*<br><br>Insecta 곤충강 ><br>Coleoptera 딱정벌레목 ><br>Scarabaeidae 소똥구리과 ><br>*Liatongus* 창뿔소똥구리속 | - 국내: 남한 전역<br>- 국외: 중국 중부와 남부, 타이완, 일본 | - 몸은 짧고 뭉툭한 알 모양이며 등판은 납작하고 불규칙한 주름 모양의 융기들이 있음.<br>- 광택은 거의 없으며 수컷은 양 눈 사이에 가늘고 길며 약간 구부러진 창 모양의 뿔이 있음.<br>- 종아리마디에는 매우 큰 4개의 외치가 있음.<br>- BL: 7~11mm, BW: 4.0~6.2mm |

| 번호 | 종명 / 분류체계 | 분포 / 생김새 | 형태적 / 생태적 특징 |
|---|---|---|---|
| 8 | 작은꼬마소똥구리<br>*Caccobius brevis*<br><br>Insecta 곤충강 ><br>Coleoptera 딱정벌레목 ><br>Scarabaeidae 소똥구리과 ><br>*Caccobius* 꼬마소똥구리속 | - 국내: 평창, 청주, 봉화, 김천, 거제도, 부안, 지리산, 조계산, 거문도, 제주도<br>- 국외: 중국 북부, 만주, 일본 | - 몸은 흑색이며 작은 알 또는 공모양.<br>- 딱지날개는 붉은색으로 무늬는 없음.<br>- BL: 4.0~.5.5mm, BW: 2.5~3.5mm |
| 9 | 은색꼬마소똥구리<br>*Caccobius christophi*<br><br>Insecta 곤충강 ><br>Coleoptera 딱정벌레목 ><br>Scarabaeidae 소똥구리과 ><br>*Caccobius* 꼬마소똥구리속 | - 국내: 양구, 방태산, 발교산, 인제, 평창, 화천, 태백, 봉화, 백암산, 주왕산, 거제도(주로 태백산맥 중심의 고지대)<br>- 국외: 중국 중부와 북부, 아무르 지방<br><br>♂ ♀ | - 몸은 흑색이나 은회색 가루로 덮였고, 딱지날개 끝과 어깨 근처에 붉은색 무늬가 있음.<br>- 암수 모두 이마융기와 두정융기가 있고 수컷의 경우 판자 모양임.<br>- 앞가슴등판 점각은 매우 넓은 눈알 모양이나 앞쪽 가운데는 굵은 과립 모양.<br>- 딱지날개는 조구가 가늘고 간실은 과립모양 돌기열이 있음.<br>- BL: 5.5~7.0mm, BW: 3.6~4.7mm<br><br>- 주로 소똥에서 채집되었음. |
| 10 | 시베리아꼬마소똥구리<br>*Caccobius kelleri*<br><br>Insecta 곤충강 ><br>Coleoptera 딱정벌레목 ><br>Scarabaeidae 소똥구리과 ><br>*Caccobius* 꼬마소똥구리속 | - 국내: 북한<br>- 국외: 시베리아 동부 | - 은색꼬마소똥구리와 매우 비슷하나 더 크고 은회색 광택이 없음.<br>- 수컷은 앞가슴등판 앞쪽이 급하게 경사졌으나 돌기는 없음.<br>- BL:8~9mm |
| 11 | 흑무늬노랑꼬마소똥구리<br>*Caccobius sordidus*<br><br>Insecta 곤충강 ><br>Coleoptera 딱정벌레목 ><br>Scarabaeidae 소똥구리과 ><br>*Caccobius* 꼬마소똥구리속 | - 국내: 방태산, 양구, 평창, 춘천, 태백산, 명지산, 축령산, 용문산, 가평, 괴산, 봉화<br>- 국외: 중국 북부, 시베리아 동부 | - 몸은 짧은 알 모양이며 등쪽은 황색이나 흑색의 작은 무늬들이 흩어져 있고, 특히 머리와 앞가슴등판에 많음. 이마융기는 아주 빈약하며, 두정융기는 뭉툭하나 매우 낮음.<br>- 종아리마디에 외치가 3개인데 각 모서리가 넓게 둥긂.<br>- BL: 5~7mm, BW: 3.0~4.2mm<br><br>- 주로 배설 직후의 소똥에서 채집되었으나 사람의 마른 똥에서 채집된 기록도 있음. |

| 번호 | 종명 / 분류체계 | 분포 / 생김새 | 형태적 / 생태적 특징 |
|---|---|---|---|
| 12 | 외뿔애기꼬마소똥구리<br>*Caccobius unicornis*<br><br>Insecta 곤충강 ><br>Coleoptera 딱정벌레목 ><br>Scarabaeidae 소똥구리과 ><br>*Caccobius* 꼬마소똥구리속 | - 국내: 파주, 천마산, 청계산, 괴산, 천안, 봉화, 부안, 신지도, 제주도<br>- 국외: 동양구 대부분, 중국, 일본<br><br>♂ ♀ | - 몸은 짧은 알모양이며 매우 작고 흑색.<br>- 머리방패, 딱지날개, 각 다리는 짙은 적갈색 내지 흑갈색인 개체가 많음.<br>- 전신에 황갈색 긴 강모를 동반한 점각이 있음.<br>- 머리방패는 앞 가장자리가 크게 파였고 수컷은 굵고 직선형인 이마 뿔이 있음.<br>- 종아리마디에 외치 3개는 각 모서리가 크고 넓게 돌출하였음.<br>- BL: 3mm 내외, BW: 2mm 내외<br><br>- 주로 사람의 똥이나 개똥에 모이는데 양과 소똥에서 채집된 기록도 있음.<br><br>※ 꼬마붙이소똥풍뎅이와 유사한 종 |
| 13 | 검정혹가슴소똥풍뎅이<br>*Onthophagus atripennis*<br><br>nsecta 곤충강 ><br>Coleoptera 딱정벌레목 ><br>Scarabaeidae 소똥구리과 ><br>*Onthophagus* 소똥풍뎅이속 | - 국내: 남한 전역<br>- 국외: 중국 중북부, 일본<br><br>♂ ♀ | - 두정융기는 양 눈의 중앙에 위치하며 수컷은 얇고 끝이 갈라진 판자 모양임.<br>- 이마융기는 직선형.<br>- 앞가슴등판은 2개의 큰 융기가 수컷은 앞쪽으로 주춧돌 모양, 암컷은 2개가 접근한 혹 모양.<br>- 흑색 내지 흑갈색인데 구릿빛 보라색 광택이 있음.<br>- BL: 5~9mm, BW: 2.8~4.8mm<br><br>- 사람 똥이나 개똥, 오물 퇴적장에 많이 모이며, 동물의 사체를 이용한 부육질 트랩에서 채집됨. |
| 14 | 황소뿔소똥풍뎅이<br>*Onthophagus bivertex*<br><br>Insecta 곤충강 ><br>Coleoptera 딱정벌레목 ><br>Scarabaeidae 소똥구리과 ><br>*Onthophagus* 소똥풍뎅이속 | - 국내: 남한 전역<br>- 국외: 중국 북부, 우수리, 일본 | - 몸은 짧은 알 모양이며 흑갈색이나 딱지날개는 암갈색 내지 적갈색인 개체가 많음.<br>- 이마융기는 없음.<br>- BL: 6~10mm, BW: 3~5mm<br><br>- 거의 소똥에서 채집되었음. |
| 15 | 얼룩무늬소똥풍뎅이<br>*Onthophagus clitellifer*<br><br>Insecta 곤충강 ><br>Coleoptera 딱정벌레목 ><br>Scarabaeidae 소똥구리과 ><br>*Onthophagus* 소똥풍뎅이속 | - 국내: 제주도<br>- 국외: 중국 북부, 아무르 지방 | - 몸은 광택이 약한 흑색이며 딱지날개에는 황갈색에 흑색 무늬가 있음.<br>- 두정융기가 수컷은 뒤로 향한 판자 모양이나 끝은 뿔 모양이다.<br>- 점각은 크고 깊으며 흩어져 있음.<br>- BL: 7.5~9.5mm |

| 번호 | 종명 / 분류체계 | 분포 / 생김새 | 형태적 / 생태적 특징 |
|---|---|---|---|
| 16 | 모가슴소똥풍뎅이<br>*Onthophagus fodiens*<br><br>Insecta 곤충강 ><br>Coleoptera 딱정벌레목 ><br>Scarabaeidae 소똥구리과 ><br>*Onthophagus* 소똥풍뎅이속 | - 국내: 남한 전역<br>- 국외: 중국 중북부, 일본<br>♂ ♀ | - 이마융기가 없으나, 암컷은 머리의 앞쪽과 중간에 각각 1개의 이마융기가 있고 두정융기도 뚜렷하다.<br>- 앞가슴등판은 거의 둥글며 매우 조밀하여 거의 그물 모양인 점각으로 덮였다.<br>- 딱지날개 간실은 미세한 강모를 동반한 과립 모양 점각이 불규칙하게 3~4줄을 이루고 있다.<br>- BL: 7~11mm, BW: 4~6mm<br><br>- 대형 초식동물의 배설물뿐 아니라 사람이나 개똥에도 많은 개체가 모이며 오물 퇴적장, 동물 사체에서도 발견됨.<br>- 한국산 소똥풍뎅이 무리 중 제2우점종이며, 분포 환경면에서는 제1우점종이므로 오물 제거용으로 개발할 가치가 있음. |
| 17 | 점박이외뿔소똥풍뎅이<br>*Onthophagus gibbulus*<br><br>Insecta 곤충강 ><br>Coleoptera 딱정벌레목 ><br>Scarabaeidae 소똥구리과 ><br>*Onthophagus* 소똥풍뎅이속 | - 국내: 소요산, 덕적도, 왕방산, 강화도, 월악산, 봉화, 합천, 제주도<br>- 국외: 유럽, 일본 | - 몸은 등판이 넓고 양끝은 뭉툭한 알 모양인 대형종.<br>- 두정융기는 긴 판자처럼 늘어났다가 끝부분이 가늘어졌고 머리방패와 이마점각은 작으나 거칠며 널리 흩어져 있음.<br>- 딱지날개는 조구가 낮으나 깊은 점각으로 뚜렷하며 간실은 3~5줄을 이룸.<br>- BL: 8~15mm, BW: 4.2~8.8mm<br><br>- 국내에서는 모두 소똥에서 채집되었으나 양똥에서의 채집 기록도 있으며 월동은 유충으로 함. |
| 18 | 어리꼬마뿔이소똥풍뎅이<br>*Onthophagus hornii*<br><br>Insecta 곤충강 ><br>Coleoptera 딱정벌레목 ><br>Scarabaeidae 소똥구리과 ><br>*Onthophagus* 소똥풍뎅이속 | - | - |
| 19 | 황해도소똥풍뎅이<br>*Onthophagus hvangheus*<br><br>Insecta 곤충강 ><br>Coleoptera 딱정벌레목 ><br>Scarabaeidae 소똥구리과 ><br>*Onthophagus* 소똥풍뎅이속 | - 국내: 경산<br>- 국외: 기록 없음 | - 머리는 거의 8각형이며, 머리방패 앞 가장자리는 반전하였고 가운데가 파였으며, 뒤쪽에 빈약한 점각이 있음.<br>- BL: 7mm 내외 |

| 번호 | 종명 / 분류체계 | 분포 / 생김새 | 형태적 / 생태적 특징 |
|---|---|---|---|
| 20 | 소요산소똥풍뎅이<br>*Onthophagus japonicas*<br><br>Insecta 곤충강 ><br>Coleoptera 딱정벌레목 ><br>Scarabaeidae 소똥구리과 ><br>*Onthophagus* 소똥풍뎅이속 | - 국내: 치악산, 용문산, 가엽산, 백암산, 울릉도, 신지도, 소요산, 제주도<br>- 국외: 타이완, 일본<br>♂ ♀ | - 흑색 몸에 흑갈색 또는 구릿빛 자색이나 구릿빛 녹색 광택이 있고, 딱지날개는 황갈색인데 흑색 얼룩무늬가 있음.<br>- 이마융기는 뚜렷하며 뒤쪽 것은 정수리 근처에 위치함.<br>- BL: 7~11mm, BW: 3.6~6.2mm<br>- 주로 소똥에서 모이나 사람 똥에서도 발견되며 가을에 성충이 되어 월동 후 봄에 산란하는 것으로 보여짐. |
| 21 | 고려소똥풍뎅이<br>*Onthophagus koryoensis*<br><br>Insecta 곤충강 ><br>Coleoptera 딱정벌레목 ><br>Scarabaeidae 소똥구리과 ><br>*Onthophagus* 소똥풍뎅이속 | - 국내: 소요산, 남한산성, 천안, 울진<br>- 국외: 기록 없음 | - 몸은 짧고 뭉툭하며 두꺼운 알 모양이고 광택이 약한 흑색.<br>- 두정융기는 암수 모두 넓고 긴 판자 모양인데 위로 향했고 끝은 깊게 파여 U자 모양이거나 2개의 뿔 모양이 있음.<br>- BL: 6.5~7.5mm, BW: 4mm 내외 |
| 22 | 렌지소똥풍뎅이<br>*Onthophagus lenzii*<br><br>Insecta 곤충강 ><br>Coleoptera 딱정벌레목 ><br>Scarabaeidae 소똥구리과 ><br>*Onthophagus* 소똥풍뎅이속 | - 국내: 남한 전역<br>- 국외: 타이완, 중국 중북부, 일본<br>♂ ♀ | - 앞가슴등판 뒷모서리 근처의 융기부가 가슴의 옆 가장자리와 평행하는 능선을 이루거나, 앞쪽으로 강하게 돌출하여 등판이 넓고 앞쪽은 급하게 경사짐.<br>- 머리방패는 암수 모두 앞 가장자리가 넓고 둥글며, 낮은 둑 모양의 융기선이 발달함.<br>- BL: 6~12mm, BW: 3.5~7.0mm<br>- 대형 초식동물의 분식성 곤충이며 한국산 소똥풍뎅이 무리 중 우점종. |
| 23 | 마틴소똥풍뎅이<br>*Onthophagus marginalis*<br><br>Insecta 곤충강 ><br>Coleoptera 딱정벌레목 ><br>Scarabaeidae 소똥구리과 ><br>*Onthophagus* 소똥풍뎅이속 | - 국내: 춘천, 수원<br>- 국외: 구북구 지역 | - 몸은 짧으나 넓고 두꺼운 알 모양이며, 광택이 약한 흑색인데 딱지날개는 황갈색이며 흑색 무늬가 흩어져 있음.<br>- 앞가슴등판은 앞쪽이 높게 경사졌고, 그 윗면에 2개의 작은 융기가 있음.<br>- BL: 7.5~11.0mm |
| 24 | 참붙이소똥풍뎅이<br>*Onthophagus necessarius*<br><br>Insecta 곤충강 ><br>Coleoptera 딱정벌레목 ><br>Scarabaeidae 소똥구리과 ><br>*Onthophagus* 소똥풍뎅이속 | - | - 몸은 광택이 있는 흑색이며 머리방패는 앞쪽이 둥글고 점각은 가늘고 깊음.<br>- 이마융기는 빈약하고 두정융기는 긴 뿔 모양.<br>- BL: 6~8mm<br><br>※ 한국산임을 인정하기 어려운 종. |

| 번호 | 종명 / 분류체계 | 분포 / 생김새 | 형태적 / 생태적 특징 |
| --- | --- | --- | --- |
| 25 | 꼬마붙이소똥풍뎅이<br>*Onthophagus nitidus*<br><br>Insecta 곤충강 ><br>Coleoptera 딱정벌레목 ><br>Scarabaeidae 소똥구리과 ><br>*Onthophagus* 소똥풍뎅이속 | - 국내: 소요산, 거문도<br>- 국외: 인도, 순다섬, 타이완, 일본 | - 몸은 흑색이나 머리와 가슴은 녹색 내지 구릿빛 광택이 있음. 머리방패는 거의 반원형이며 과립이 빽빽한 주름 모양.<br>- 두정융기는 짧고 빈약하며, 이마융기는 없음.<br>- BL: 5~8mm, BW: 2.8~4.8mm<br><br>※ 일본의 *Caccobius jessoensis*와 형태가 유사함 |
| 26 | 제주도소똥풍뎅이<br>*Onthophagus ohbayashi*<br><br>Insecta 곤충강 ><br>Coleoptera 딱정벌레목 ><br>Scarabaeidae 소똥구리과 ><br>*Onthophagus* 소똥풍뎅이속 | - 국내: 제주도<br>- 국외: 일본 | - 머리는 거의 육각형에 가깝고, 가는 점각이 때로는 머리방패 앞쪽에서 주름살 모양을 이룸.<br>- 앞가슴등판은 크고 뚜렷한 점각이 조밀하고 거친 눈알 모양이나 안점은 작고 중앙 뒤쪽에 있음.<br>- BL: 5.0~8.5mm |
| 27 | 꼬마외뿔소똥풍뎅이<br>*Onthophagus olsoufieffi*<br><br>Insecta 곤충강 ><br>Coleoptera 딱정벌레목 ><br>Scarabaeidae 소똥구리과 ><br>*Onthophagus* 소똥풍뎅이속 | - 국내: 김포, 인천, 수원, 남한산성, 광주, 천안, 대구<br>- 국외: 중국 북부, 우수리, 일본<br><br>♂ ♀ | - 몸은 짧고 넓으며 광택이 약한 흑색에 털이 많음.<br>- 이마융기는 뚜렷한 활 모양이며 두정융기는 넓고 직립한 판자 모양인데 수컷은 위로 약간 좁아지다 다시 넓어져 끝이 Y자 모양.<br>- BL: 7mm 미만<br><br>- 소나 말의 똥보다는 도시 근처의 사람이나 개의 똥을 선호하는 것으로 보여짐. |
| 28 | 꼬마곰보소똥풍뎅이<br>*Onthophagus punctator*<br><br>Insecta 곤충강 ><br>Coleoptera 딱정벌레목 ><br>Scarabaeidae 소똥구리과 ><br>*Onthophagus* 소똥풍뎅이속 | - 국내: 오대산, 덕적도, 청계산, 천마산, 속리산, 백운산, 금오도<br>- 국외: 중국 중북부, 일본 | - 머리방패는 점각이 깊고 뚜렷하고, 앞쪽은 깊게 파였음.<br>- 두정융기는 가끔 돌기처럼 짧고, 이마융기는 낮고 단순한 직선형.<br>- 앞가슴등판은 돌기가 없고, 점각은 길며 서로 연합되었음.<br>- 수컷 앞다리 종아리마디 안쪽은 가운데가 길게 파임.<br>- BL: 4~6mm, BW: 3.7 mm내외<br><br>- 소똥에 잘 모이나 사람이나 개똥에 더 많고, 양똥에서도 기록되었음. |

| 번호 | 종명 / 분류체계 | 분포 / 생김새 | 형태적 / 생태적 특징 |
|---|---|---|---|
| 29 | 콜베소똥풍뎅이<br>*Onthophagus pupillatus*<br><br>Insecta 곤충강 ><br>Coleoptera 딱정벌레목 ><br>Scarabaeidae 소똥구리과 ><br>*Onthophagus* 소똥풍뎅이속 | - 국내: 한반도 | - 이마방패 앞가두리는 단순하게 끊겼고 점각은 양옆에서만 명확함.<br>- 이마융기는 편평하나 양옆은 앞쪽으로 굽었고, 두정융기는 직립하였음.<br>- 앞가슴등판은 강하게 둥글고 점각은 눈알 모양임.<br>- BL: 7mm |
| 30 | 검정뿔소똥풍뎅이<br>*Onthophagus rugulosus*<br><br>Insecta 곤충강 ><br>Coleoptera 딱정벌레목 ><br>Scarabaeidae 소똥구리과 ><br>*Onthophagus* 소똥풍뎅이속 | - 국내: 남한 전역<br>- 국외: 인도, 통킹 만, 중국 남부, 타이완 | - 몸은 거의 오각형에 가깝고 대형종.<br>- 아랫면에는 황갈색의 긴 털이 조밀하게 있음.<br>- 딱지날개는 조구가 매우 낮으나 분명하며, 간실은 회갈색 강모를 동반한 조밀한 점각이 불규칙하게 분포.<br>- BL: 10~15mm, BW: 5.3~8.7mm<br>- 소나 말똥보다 사람이나 개똥을 선호하며 양똥에서의 기록도 있음. |
| 31 | 북방고려소똥풍뎅이<br>*Onthophagus scabriusculus*<br><br>Insecta 곤충강 ><br>Coleoptera 딱정벌레목 ><br>Scarabaeidae 소똥구리과 ><br>*Onthophagus* 소똥풍뎅이속 | - | - |
| 32 | *Onthophagus simplicifrons*<br><br>Insecta 곤충강 ><br>Coleoptera 딱정벌레목 ><br>Scarabaeidae 소똥구리과 ><br>*Onthophagus* 소똥풍뎅이속 | - | - |
| 33 | 노랑무늬소똥풍뎅이<br>*Onthophagus solivagus*<br><br>Insecta 곤충강 ><br>Coleoptera 딱정벌레목 ><br>Scarabaeidae 소똥구리과 ><br>*Onthophagus* 소똥풍뎅이속 | - 국내: 양구, 인제, 대관령, 강릉, 삼척, 치악산, 속리산, 조령산<br>- 국외: 중국 중부, 북부 | - 딱지날개는 기부 근처와 말단부에 가로로 1~3개의 황갈색 점무늬가 있음.<br>- 이마융기는 짧은 직선형이며 가운데가 높음.<br>- 앞가슴등판 점각은 커다란 눈알 모양이나 앞쪽은 편평하고 뒤쪽은 열렸음.<br>- BL: 7.5~10mm, BW: 4.2~5.5mm<br>- 주로 물가의 모래땅에 살며 소똥에 많이 모이나 사람이나 양의 똥에서도 발견됨. |

| 번호 | 종명 / 분류체계 | 분포 / 생김새 | 형태적 / 생태적 특징 |
|---|---|---|---|
| 34 | *Onthophagus taurinus*<br><br>Insecta 곤충강 ><br>Coleoptera 딱정벌레목 ><br>Scarabaeidae 소똥구리과 ><br>*Onthophagus* 소똥풍뎅이속 | - | - |
| 35 | 혹날개소똥풍뎅이<br>*Onthophagus tragus*<br><br>Insecta 곤충강 ><br>Coleoptera 딱정벌레목 ><br>Scarabaeidae 소똥구리과 ><br>*Onthophagus* 소똥풍뎅이속 | - 국내: 춘천, 덕적도, 안면도, 합천, 거제도, 완도<br>- 국외: 타이완, 중국<br><br>♂ ♀ | - 머리방패는 앞쪽 가운데가 파였고, 점각이 수컷은 매우 작고 드물지만 암컷은 크고 조밀함.<br>- 두정융기가 수컷은 2개의 예리한 뿔 모양이며 양 눈 안쪽의 뒤쪽 끝 가까이에 위치하나 암컷은 낮은 삼각뿔 모양의 1개가 눈 사이에 위치함.<br>- BL: 7.5~10.0 mm, BW: 4.4~6.1 mm. |
| 36 | 변색날개소똥풍뎅이<br>*Onthophagus trituber*<br><br>Insecta 곤충강 ><br>Coleoptera 딱정벌레목 ><br>Scarabaeidae 소똥구리과 ><br>*Onthophagus* 소똥풍뎅이속 | - 국내: 무갑산, 광주, 완도, 제주도<br>- 국외: 동남아시아, 중국 남부 (해안 근처 내륙) | - 몸은 짧으나 넓고 두꺼운 알 모양이며, 광택이 강한 흑색.<br>- 두정융기는 넓은 판자처럼 늘어났다가 중간 위쪽에서 갑자기 가늘어져 삼각뿔 모양임.<br>- BL: 5~8 mm, BW: 3~5 mm. |
| 37 | 보기드문소똥풍뎅이<br>*Onthophagus uniformis*<br><br>Insecta 곤충강 ><br>Coleoptera 딱정벌레목 ><br>Scarabaeidae 소똥구리과 ><br>*Onthophagus* 소똥풍뎅이속 | - 국내: 인제 계방산, 평창<br>- 국외: 만주, 시베리아 동남부 | - 몸은 짧으나 폭이 매우 넓은 알 모양이며 약한 광택이 있음.<br>- 이마융기가 암컷은 뚜렷하나 수컷은 없고, 두정융기는 수컷은 가운데가 S자로 구부러진 뿔 모양이며 암컷은 이빨 또는 삼각뿔 모양.<br>- BL: 8.0~11.5 mm, BW: 4.7~6.8 mm. |

| 번호 | 종명 / 분류체계 | 분포 / 생김새 | 형태적 / 생태적 특징 |
|---|---|---|---|
| 38 | 갈색혹가슴소똥풍뎅이<br>*Onthophagus viduus*<br><br>Insecta 곤충강 ><br>Coleoptera 딱정벌레목 ><br>Scarabaeidae 소똥구리과 ><br>*Onthophagus* 소똥풍뎅이속 | - 국내: 남한 전역<br>- 국외: 중국 중북부, 일본<br><br>♂ ♀ | - 수컷은 두정융기가 양 눈의 뒤쪽 근처에, 이마융기가 눈의 앞쪽에 있으며 약간 구부러졌고, 암컷은 두정융기가 눈의 앞쪽 근처, 이마융기는 그보다 더 앞쪽에 위치함.<br>- 앞가슴등판이 수컷은 중앙 앞쪽에 크고 둥근 함몰부가 있으나 암컷은 함몰이 약함.<br>- 흑색 내지 흑갈색이나 한국산은 암갈색 개체가 많고, 딱지날개 기부와 끝 근처에 황색 무늬를 갖는 개체도 있음.<br>- BL: 5~9 mm, BW: 3.0~5.8 mm<br><br>- 주로 소나 말과 같은 대형 초식동물 똥에서 채집되었으나, 사람이나 개의 똥 또는 동물의 사체, 오물 퇴적장에서도 채집됨. |

※ 자료 출처: 한반도의 생물다양성(http://species.nibr.go.kr)

# 한국의 똥풍뎅이과 목록

## 똥풍뎅이과 Family Aphodiidae

### 똥풍뎅이속 Genus *Aphodius* Illiger, 1798

왕똥풍뎅이 *Aphodius propraetor* Balthasar, 1932
왕좀똥풍뎅이 *Aphodius indagator* Mannerheim, 1849
꼬마왕똥풍뎅이 *Aphodius subterraneus*(Linnae us, 1758)
뚱보똥풍뎅이 *Aphodius brachysomus* Solsky, 1874
장수똥풍뎅이 *Aphodius fossor* (Linnaeus, 1758)
꼬마뚱보똥풍뎅이 *Aphodius haemorrhoidalis* (Linnaeus, 1758)
머리두줄똥풍뎅이 *Aphodius troitzkyi* Jacobson, 1879
황박사똥풍뎅이 *Aphodius songrini* Stebnicka and Galante, 1992
루이스똥풍뎅이 *Aphodius lewisii* Waterhouse, 1875
한국산똥풍뎅이 *Aphodius coreensis* Kim, 1986
동북지방똥풍뎅이 *Aphodius inexspectatus* Balthasar, 1935
희귀한똥풍뎅이 *Aphodius culminarius* Reitter, 1900
앞정갱이혹똥풍뎅이 *Aphodius subcostatus* Kolbe, 1886
줄똥풍뎅이 *Aphodius rugosostriatus* Waterhouse, 1875
갓털똥풍뎅이 *Aphodius urostigma* Harold, 1862
발발이똥풍뎅이 *Aphodius comatus* A.Schmidt, 1920(21)
극동똥풍뎅이 *Aphodius binaevulus* Heyden, 1887
붉은날개똥풍뎅이 *Aphodius depressus* (Kugelan, 1792)
고려똥풍뎅이 *Aphodius koreanensis* Kim, 1986
큰똥풍뎅이 *Aphodius rufipes* (Linnaeus, 1758)
어깨뿔똥풍뎅이 *Aphodius superatratus* Nomura and Nakane, 1951
뿔리앙똥풍뎅이 *Aphodius maderi* Balthasar, 1938
먹무늬똥풍뎅이 *Aphodius variabilis* Waterhouse, 1875
알락똥풍뎅이 *Aphodius nigrotessellatus* (Motschulsky, 1866)
매끈한똥풍뎅이 *Aphodius impunctatus* Waterhouse, 1875
똥풍뎅이 *Aphodius rectus* Motschulsky, 1886
제물포똥풍뎅이 *Aphodius juxtus* Petrovitz, 1972
자모산똥풍뎅이 *Aphodius dzamosanicus* Stebnicka, 1973
몽고똥풍뎅이 *Aphodius scrofa* (Fabricius, 1787)
하얼빈똥풍뎅이 *Aphodius botulus* Balthasar, 1945
꼬마똥풍뎅이 *Aphodius pusillus* (Herbst, 1789)

큰점박이똥풍뎅이 *Aphodius elegans* Allibert, 1847
넉점박이똥풍뎅이 *Aphodius sordidus* (Fabricius, 1775)
북한똥풍뎅이 *Aphodius breviusculus* Motschulsky, 1866
유니폼똥풍뎅이 *Aphodius uniformis* Waterhouse, 1875
산똥풍뎅이 *Aphodius putridus* (Herbst, 1789)
노랑똥풍뎅이 *Aphodius languidulus* A.Schmidt, 1922
애노랑똥풍뎅이 *Aphodius sturmi* Harold, 1870
엷은똥풍뎅이 *Aphodius sublimbatus* (Motschulsky, 1860)
띄똥풍뎅이 *Aphodius uniplagiatus* Waterhouse, 1875

---

톱니땅풍뎅이속 Genus *Koreoxyomus* Kim, 1996
톱니땅풍뎅이 *Koreoxyomus koreanus* Kim, 1996

---

통나무풍뎅이속 Genus *Saprosites* Redtenbacher, 1858
통나무풍뎅이 *Saprosites japonicus* Waterhouse, 1875

---

민가슴모래풍뎅이속 Genus *Leiopsammodius* Rakovic, 1981
동양구민가슴모래풍뎅이 *Leiopsammodius gestroi* (Clouët, 1900)
일본민가슴모래풍뎅이 *Leiopsammodius japonicus* (Harold, 1878)

---

한국모래풍뎅이속 Genus *Rakovicius* Pittino, 2006
한국모래풍뎅이 *Rakovicius coreanus* (Kim, 1980)

---

모래풍뎅이속 Genus *Psammodius* Fallén, 1807
서해안모래풍뎅이 *Psammodius flavolittoralis* Kim, 1980
한강모래풍뎅이 *Psammodius hangangnensis* Kim, 1980
영일모래풍뎅이 *Psammodius sungshinarum* Kim, 1980

---

혹줄모래풍뎅이속 Genus *Rhyssemus* Mulsant, 1842
한국혹줄모래풍뎅이 *Rhyssemus koreanus* Stebnicka, 1980

---

곤봉털모래풍뎅이속 Genus *Trichiorhyssemus* Clouët, 1901
곤봉털모래풍뎅이 *Trichiorhyssemus asperulus* (Waterhouse, 1875)

# 색인

# 색인

# 참고 문헌 및 기사, 사이트

[ 문헌 ]

Davis, A. L., and Scholtz, C. H. (2001). Historical vs. ecological factors influencing global patterns of scarabaeine dung beetle diversity. Diversity and Distributions, 7(4), 161-174.

Fincher, G.T. (1973). Dung beetles as biological control agents for gastrointestinal parasites of livestock. Journal of Parasitology, 59, 396-399.

Fincher, G.T. (1975). Effects of dung beetle activity on number of nematode parasites acquired by grazing cattle. Journal of Parasitology, 61, 759-762

Fincher, G. T., Monson, W. G., & Burton, G. W. (1981). Effects of Cattle Feces Rapidly Buried by Dung Beetles on Yield and Quality of Coastal Bermudagrass 1. Agronomy Journal, 73(5), 775-779.

Hanski, I., and Cambefort, Y. (2006). Dung Beetle Ecology. Princeton University Press, Princeton. 520.

Han, T., KIM, J., Yi, D. A., Jeong, J., An, S. L., Park, I. G., & Park, H. (2016). An integrative taxonomy on the locally endangered species of the Korean Scarabaeus (Coleoptera, Scarabaeidae). Zootaxa, 4139(4), 515-526.

Kim, J.I. (2012). Arthropoda: Insecta: Coleoptera: Scarabaeoidea: Laparosticti. Insect Fauna of Korea. Vol. 12, No 3. Flora and Fauna of Korea. National Institute of Biological Resources, Ministry of Environment. 209.

Kim, M., Kim, H., Choi, Y. J., Koh, M. H., Jang, K. H., & Kim, Y. J. Hibernation Durations Affect Life-history Traits of Gymnopleurus mopsus (Coleoptera: Scarabaeidae), an Endangered Dung Beetle. PNIE, 2(4), 279-284.

Korasaki, V., Lopes, J., Gardner Brown, G., & Louzada, J. (2013). Using dung beetles to evaluate the effects of urbanization on Atlantic Forest biodiversity. Insect Science, 20(3), 393-406.

NICHOLS, E., Spector, S., Louzada, J., Larsen, T., Amezquita, S., Favila, M.E. (2008). Ecological functions and ecosystem services provided by Scarabaeinae dung beetles. Biological conservation, 141.6: 1461-1474.

Park, S.Y., Lim, J.S., Jo, D.G., Lee, B.W. (2011). Insect fauna of (Mt.) Daemisan, Gangwon provice, Korea. Journal of Korean Nature, 4(2): 87-97.

Ratcliffe, B. C. (2006). Scarab beetles in human culture. The Coleopterists Bulletin, 60(mo5), 85-101.

# 참고 문헌 및 기사, 사이트

Ratcliffe, B.C., and Cave, R.D. (2008). The Dynastinae (Coleoptera: Scarabaeidae) of the Bahamas with a description of a new species of Cyclocephala from Great Inagua Island. Insecta Mundi, 24: 1-10.

Slade, E. M., Riutta, T., Roslin, T., & Tuomisto, H. L. (2016). The role of dung beetles in reducing greenhouse gas emissions from cattle farming. Scientific reports, 6(1), 1-9.

Whipple, S. D., & Hoback, W. W. (2012). A comparison of dung beetle (Coleoptera: Scarabaeidae) attraction to native and exotic mammal dung. Environmental entomology, 41(2), 238-244.

김진일, 『우리가 정말 알아야 할 우리 곤충 백 가지』, 현암사, 2002.

안네 스베르드루프 튀게손 (Anne Sverdrup-Thygeson), 『세상에 나쁜 곤충은 없다』, 웅진 지식하우스, 2019.

**[ 기사 ]**

2013.7. 서울신문 '나비도 피한다는 악취 '시체꽃' 냄새 맡아 보니...'

2015.6. YTN '소똥구리와 함께 농사짓는 쉘리비치'

2017.12. 경향신문 '그 많던 소똥구리는 어디로 갔을까?'

2021.6. 디지털조선일보 '호주축산공사, 지속 가능한 축산업을 위한 미래 모델 제시'

**[ 사이트 ]**

www.dungbeetles.co.nz

dungbeetlemap.wordpress.com

교보문고 www.kyobobook.co.kr

---